Warum nutzen Schallschutzwände nicht immer? Wie findet man heraus, ob das Schmuckgold gestreckt ist? Ist ein Frontalzusammenstoß zwischen zwei Autos schlimmer als eine Fahrt gegen die Wand? Welches Aussehen hätte King Kong wirklich – oder eine zwanzig Meter große Frau? Und warum eigentlich platzen Würste im heißen Wasser immer längs auf?

Wie schon in seinem Bestseller *Der Mathematikverführer* erklärt Christoph Drösser in diesem Buch anhand unterhaltsamer Alltagsgeschichten, wie die Kräfte der Natur, diesmal der Physik, in allen möglichen Lebenslagen auf uns und unsere Umwelt wirken. Ein Leckerbissen zugleich auch wieder für die Freunde der Mathematik; und abermals gibt es am Ende der Kapitel kleine Aufgaben zu lösen. Ob es um Auftrieb oder Reibung, Schall oder Schwerkraft, Spannung oder Luftdruck, Relativität oder Quanten geht – so macht Physik richtig Spaß!

Christoph Drösser

Der Physikverführer

Versuchsanordnungen für alle Lebenslagen

Rowohlt Taschenbuch Verlag

Originalausgabe

Veröffentlicht im Rowohlt Taschenbuch Verlag,

Reinbek bei Hamburg, Oktober 2010

Copyright © 2010 by Rowohlt Verlag GmbH,

Reinbek bei Hamburg

Lektorat Frank Strickstrock

Fachlektorat Dr. Bernd Schuh

Grafiken: Lukas Engelhardt

Umschlaggestaltung ZERO Werbeagentur, München

(Umschlagabbildung: FinePic® München, Jana Bischoff)

Satz Proforma und ITC Officina Serif PostScript (InDesign) bei

Pinkuin Satz und Datentechnik, Berlin

Druck und Bindung CPI – Clausen & Bosse, Leck

Printed in Germany

ISBN 978 3 499 62627 2

For Andrea, my strange attractor

Inhalt

Vorwort

Physik ist wie Sex. Manchmal kommt etwas Nützliches
dabei heraus. Aber deshalb betreiben wir sie nicht.
Richard Feynman

Als ich nach dem Erfolg des *Mathematikverführers* gefragt wurde, welcher Disziplin ich mich denn als Nächstes widmen würde, musste ich nicht lange nachdenken – es war klar, dass es um Physik gehen würde. Mathematik habe ich studiert, und sie ist für mich immer noch die Königin der Wissenschaften (und ich würde auf sie das Eingangszitat von Feynman anwenden), aber die Physik fasziniert mich nicht weniger. Schafft die Mathematik aus quasi nichts als einem durch die Evolution geformten Säugetierhirn die komplexesten Gedankenwelten, so gehen die Physiker noch einen Schritt weiter und sagen: Wir können mit mathematischen Gleichungen und Modellen die Welt beschreiben, vielleicht sogar komplett. Denn die anderen Naturwissenschaften sind ja nichts als Fortschreibungen der Physik: Die Chemie beschäftigt sich mit den Reaktionen zwischen Molekülen, die von der Physik beschrieben werden, die Biologie ist die Wissenschaft vom Leben, das sich durch chemische Reaktionen beschreiben lässt, die wiederum auf die Physik zurückgehen. Damit will ich keinesfalls einem totalen Reduktionismus das Wort reden – ab einer gewissen Stufe der Komplexität hilft die Physik nicht mehr weiter, der Laplace'sche Dämon ist ja ein Fabelwesen (siehe Seite 191). Aber die Physik liegt eben tatsächlich jedem Phänomen in dieser Welt zugrunde, selbst der Entstehung des gesamten Universums.

Aber keine Sorge, um die physikalischen Modelle, mit denen

die Urknall- oder Stringtheoretiker rechnen, geht es in diesem Buch nicht. Wie schon der *Mathematikverführer*, so befasst sich auch der *Physikverführer* vorwiegend mit jenen Grundlagen der Wissenschaft, die für Laien nachvollziehbar sind. Von den Kapiteln 8 und 14 abgesehen, in denen es um Relativitäts- und Quantentheorie geht, heißt das: Wir beschäftigen uns mit einer Welt, in der praktisch alle Phänomene auf die Kollision kleiner oder großer Massen zurückzuführen sind. Größen wie Kraft, Beschleunigung und Energie reichen aus, um diese Welt zu beschreiben, sei es im Makroskopischen – etwa wenn Autos zusammenstoßen – oder im Mikroskopischen: Temperatur ist die mittlere Bewegungsenergie von Teilchen, die wir uns wie kleine Gummibälle vorstellen, und Druck ist, wenn diese Gummibälle gegen die Wand eines Behälters knallen. Das Buch zeigt, wie weit ein solch naives physikalisches Modell reicht: Immerhin erklärt es, warum Flugzeuge fliegen und warum es unmöglich ist, ein Perpetuum mobile zu bauen. Das ließe sich noch ausdehnen auf elektrische und magnetische Phänomene, die ich in diesem Buch nur am Rande streife.

Aber Moleküle sind keine Gummibälle, sie bestehen aus Atomen, diese wiederum setzen sich aus kleineren Elementarteilchen zusammen. Und wenn Sie immer noch glauben, dass ein Atomkern ein brombeerartiger kleiner Knubbel aus Neutronen und Protonen ist, um den in einiger Entfernung Elektronen kreisen wie Mücken um eine Glühbirne – dann lassen Sie es sich gesagt sein: Auch das sind nur Hilfsvorstellungen, die unsere Phantasie anregen sollen. In der «wirklichen» Physik zerrinnen all diese Kügelchen irgendwann zu Wellenfunktionen, die durch den leeren Raum wabern und nur noch Wahrscheinlichkeiten beschreiben. Konkret vorstellen können sich das auch Physiker nicht mehr, und es gibt einen fast religiösen Streit darüber, wie man die – experimentell gut bestätigten – Resultate der Theorie interpretieren soll (siehe Kapitel 14).

Wie schon der mathematische Vorgänger, so enthält auch der *Physikverführer* Formeln. Ich glaube immer noch, dass eine gute mathematische und physikalische Formel einen Zusammenhang besser auf den Punkt bringt als ein blumiger Satz. Andererseits weiß ich, dass man Formeln nicht lesen kann wie einen unterhaltsamen Text, dass man Muße dazu braucht und manchmal sogar Papier und Bleistift zum Nachrechnen. Deshalb habe ich die Abschnitte, in denen gerechnet wird, noch deutlicher kenntlich gemacht. Sie können Sie überschlagen oder für später aufheben und trotzdem den Gedankengang des Kapitels verstehen. Absolut verzichtbar sind sie nicht – sonst hätte ich ja drauf verzichtet!

Der *Physikverführer* ist kein Lehrbuch und erhebt keinen Anspruch auf Vollständigkeit. Er soll dem Leser einige physikalische Begriffe anhand von amüsanten Geschichten vermitteln oder wieder ins Gedächtnis zurückrufen, und wenn Sie einen Bereich vermissen, dann liegt es wahrscheinlich daran, dass mir dazu keine amüsante Geschichte eingefallen ist oder das Buch schon voll war. Ich muss ja kein Curriculum abarbeiten, sondern freue mich, wenn ich bei dem einen oder anderen genug Spaß und Neugier auslöse, dass er die Lücken auf eigene Faust stopfen kann.

Danken möchte ich an dieser Stelle meiner Agentin Heike Wilhelmi und meinem Lektor Frank Strickstrock bei Rowohlt; Bernd Schuh und Max Rauner für das Gegenlesen des Manuskripts und einige wichtige physikalische Hinweise; Rüdiger Dammann von Booklett, der die Idee zum *Mathematikverführer* hatte, ohne den es keinen *Physikverführer* gäbe. Und meinem Sohn Lukas Engelhardt für die Überarbeitung der Grafiken in diesem Buch.

Hamburg, im Oktober 2010
Christoph Drösser

1 Zu früh gefreut

oder

Von wegen «heureka!»

Archimedes geht unruhig auf und ab. Eigentlich wollte er sich an diesem Nachmittag bei einem warmen Bad ausruhen, ist daher schon früher als sonst ins Badehaus eingekehrt. Die anderen Männer, die ebenfalls hergekommen sind, um der Hektik der Straßen von Syrakus und vielleicht auch dem häuslichen Regiment ihrer Ehefrauen zu entkommen, werfen ihm schon verstohlene Blicke zu. Wie soll man entspannen, wenn dieser Mann dort offenbar den Rat Homers missachtet, das Bad als «Mittel gegen geistesentkräftende Arbeit» zu nutzen? Mit einer Hand hält er das Tuch fest, das seine Blöße bedeckt, und geht schwitzend und schnaufend hin und her. Kein sehr schöner Anblick. Aber niemand wagt es, das laut zu sagen – schließlich ist dieser Archimedes nicht nur ein von allen bewunderter Denker, sondern auch ein guter Freund von König Hieron II.

Und der Gedanke an diesen König ist es, der Archimedes nicht zur Ruhe kommen lässt. Nein, es geht nicht um die phantastischen Kriegsmaschinen, die der Erfinder für Hieron bauen soll, zur Abwehr von Römern und Karthagern – die Konstruktionszeichnungen für die Katapulte und Spiegel sind weitgehend fertig. Sie müssen nur noch von Handwerkern in die Wirklichkeit umgesetzt werden, und Archimedes hat keinen Zweifel, dass seine revolutionären Erfindungen funktionieren werden. Nein, es geht um ein scheinbar simples Problem, vor das ihn der König am Morgen gestellt hat.

Hieron II., auch «der Jüngere» genannt, ist ein hochdekorierter Krieger und wittert hinter jedem Strauch einen Feind. Archimedes ist einer der wenigen, denen der König über den Weg traut – der Goldschmied Philippos, der seinen kleinen Laden in einer schäbigen Gasse der Altstadt hat, gehört gewiss nicht zu diesem Kreis. Diesem Philippos hatte Hieron zwei Minen (nach heutigen Einheiten etwa ein Kilogramm) reines Gold überlassen, mit dem Auftrag, daraus einen Kranz zu fertigen. Den will Hieron am berühmten Heiligtum des Apollon niederlegen, natürlich mit großem Brimborium, schließlich soll jeder Bürger von Syrakus sehen, was für ein gottesfürchtiger Mann der König ist.

Philippos hat einen wunderschönen Kranz gefertigt, einen recht bescheidenen Lohn für seine Arbeit kassiert, und der Kranz wiegt auch genau zwei Minen. So weit, so gut, alle könnten zufrieden sein – aber Hieron ist immer noch misstrauisch. Was, so hat der König heute Morgen zu Archimedes gesagt, wenn der Goldschmied heimlich einen Teil des Goldes abgezweigt und den Rest mit Silber gestreckt hätte? Schon eine zehntel Mine, also zehn Drachmen, würde den armen Schlucker zu einem reichen Mann machen. Und äußerlich könnte man dem Gold eine solche Beimischung nicht ansehen. «Ich traue diesem Philippos nicht», hat Hieron zu Archimedes gesagt. «Hier, nimm den Kranz mit in deine Werkstatt, untersuche ihn, so viel du willst – aber bitte lass ihn ganz, er ist wirklich prächtig geworden! Und sag mir morgen, ob er echt ist oder ob Philippos geschummelt hat!» Und als Beweis seines Vertrauens zu dem Gelehrten hat er ihm noch einen Goldbarren mitgegeben, der genauso viel wiegt wie der Kranz.

Dürfte Archimedes den Goldschmuck einschmelzen, dann wäre die Sache natürlich kein Problem. Jeder weiß, dass Gold schwerer ist als Silber, dass also ein Barren Silber bei gleichem Gewicht größer ist als ein Goldbarren beziehungsweise bei gleicher Größe leichter. Der Unterschied ist beträchtlich: Gold wiegt bei gleichem Volumen fast doppelt so viel wie Silber. Also müsste Archimedes nur den Kranz einschmelzen, zu einem Barren formen und das Volumen mit dem des Barrens vergleichen, den Hieron ihm mitgegeben hat. Archimedes hat schon schwierigere mathematische Probleme gelöst.

Aber er darf ja den schönen Kranz nicht zerstören, und dessen feinziselierte Form mit den angedeuteten Lorbeerblättern ist viel zu kompliziert, um dafür eine mathematische Formel zu entwickeln. Wie also kann man das Volumen des Kranzes mit dem des Goldbarrens vergleichen?

Ein Schmerzensschrei unterbricht Archimedes' Gedankengang. «Beim Zeus, Archimedes, nun pass doch mal auf!» Der greise Dichter Theokrit hält sich den Fuß – offenbar ist ihm der grübelnde Gelehrte auf den kleinen Zeh getreten. «Seit zehn Minuten läufst du hier hektisch auf und ab», sagt Theokrit vorwurfsvoll, «du störst unsere Ruhe, und jetzt hast du mir auch noch auf den Fuß getreten. Wer ins Bad geht, der sollte seine Sorgen und Probleme draußen lassen! Deshalb sind wir hier nur unter Männern, und deshalb folgen wir den alten Regeln, die wir seit Hippokrates' Zeiten beherzigen. Und dazu gehört: Im Bad herrscht Ruhe!»

Archimedes senkt schuldbewusst den Blick. Vor dem alten Dichter hat auch er Respekt. Und außerdem hat der durchaus recht mit seinem Verweis auf die alten Bräuche. Obwohl – die Sache mit der Geschlechtertrennung könnte man ja nochmal überdenken ...

«Und wie siehst du überhaupt aus!», zetert der Alte weiter, der jetzt richtig in Rage zu kommen scheint. «Total verschwitzt, das Tuch klebt dir am Leib! Vielleicht solltest du mal das tun, wofür du hergekommen bist! Dort drüben hat ein Sklave gerade ein heißes Bad eingelassen – keiner hier wird es dir streitig machen!»

«Du hast recht, Theokritos», sagt Archimedes kleinlaut. «Und sicher wird das Bad nicht nur meinen Körper, sondern auch meine Gedanken reinigen.»

«Wollen wir hoffen», knurrt Theokrit, für den das Gespräch damit beendet ist.

Das Wasser dampft heiß in dem Marmorbecken, das bis eine Handbreit unter dem Rand gefüllt ist. Archimedes drückt einem Sklaven sein Tuch in die Hand und schwingt sich ins Becken, tunlichst darauf bedacht, dabei möglichst wenig Lärm zu machen. Dann lehnt er sich mit einem wohligen Seufzer zurück, schließt die Augen und taucht den ganzen Körper unter die Wasseroberfläche.

Platsch! Alle Köpfe drehen sich um, als das Wasser über den Rand des Zubers und auf den Boden schwappt. Offenbar hat sich Archimedes verschätzt, und die Handbreit Luft über der Wasseroberfläche hat nicht gereicht, um die Körperfülle des Gelehrten aufzunehmen. Während er noch darüber nachsinnt, ob er in den letzten Monaten vielleicht ein paar Pfunde zugelegt hat, kommt Archimedes ein anderer Gedanke: Offenbar verdrängt sein Körper Wasser! So viel Wasser, wie sein eigenes Volumen beträgt. Wäre das Becken bis zum Rand gefüllt gewesen, dann wäre genau so viel Wasser über den Rand geschwappt, wie es dem Rauminhalt von Archimedes' Körper entspricht …

«*Heureka!* Ich hab's gefunden!», ruft Archimedes aus. Er steht im Becken auf, schwingt sich tropfnass, wie er ist, über den Rand und läuft splitternackt über den gefliesten Boden. «Heureka! Dass ich da nicht schon früher draufgekommen bin!» Erst als er den strafenden Blick des Theokrit bemerkt, greift Archimedes nach seinem Tuch und windet es notdürftig um seine Hüften. Sonst wäre er vielleicht noch splitternackt auf die Straße gelaufen. «Danke, Theokrit! Durch deinen Rat habe ich die Lösung des Problems gefunden! Danke! Und euch allen noch einen geruhsamen Nachmittag!» Und schon ist Archimedes aus der Tür. Die Männer im Bad schütteln nur den Kopf, dann ist erst einmal Ruhe.

Zurück in seiner Werkstatt, macht sich Archimedes gleich an die Arbeit, um seinen Geistesblitz in die Tat umzusetzen. Man kann, das hat ihn das Erlebnis in der Badeanstalt gelehrt, das Volumen eines Körpers messen, indem man ihn in ein Gefäß eintaucht, das randvoll mit Wasser gefüllt ist, und die überlaufende Menge auffängt und abmisst. Der Kranz und der Goldbarren wiegen beide gleich viel. Wenn sie beide aus reinem Gold sind, müssten sie auch gleich viel Wasser verdrängen. Ist das Gold im Kranz verunreinigt, müsste mehr Wasser überlaufen.

Archimedes stöbert im Regal mit seinen Gerätschaften und findet einen runden Tontopf, in dem sich der Kranz ganz versenken lässt, der Barren sowieso. Den Topf stellt er in eine flache Schüssel; sie soll das überlaufende Wasser aufnehmen. Nun füllt er den Topf bis zum Rand mit Wasser.

Als Erstes lässt er vorsichtig die goldene Krone hineinsinken. Der Wasserspiegel wölbt sich dabei wie eine Haut über der Öffnung des Topfes, und schließlich läuft das Wasser in einem kleinen Rinnsal auf einer Seite über, wie bei einem Blumentopf, in den man zu viel Wasser gegossen hat. Archimedes wartet, bis das Wasser zur Ruhe gekommen ist, und schüttet dann den Inhalt der flachen Schüssel in ein Weinglas. Erstaunlich, wie wenig Wasser das ist!

Dann fischt er den goldenen Kranz aus dem großen Gefäß und füllt das Wasser wieder bis zum Rand nach. Nun lässt er den Goldbarren hinein. Er erwartet, dass sich die Oberfläche wieder wölbt, aber diesmal schwappt das Wasser gleich über – durch die Welle, die der dicke Barren erzeugt hat, und weil der Rand ja schon nass war.

Das übergelaufene Wasser schüttet Archimedes in ein zweites Weinglas. Nun kann er die beiden Gläser nebeneinanderhalten und ihren Inhalt vergleichen. Tatsächlich, das erste Glas ist ein bisschen voller. Aber sind die beiden Versuche wirklich unter identischen Bedingungen gemacht worden?

Vor allem staunt Archimedes, wie wenig von dem Wasser überhaupt übergelaufen ist – ein verschwindender Anteil gegenüber dem Gesamtvolumen. Völlig überzeugt ist er von seinem Versuch selbst nicht. Er hat einfach zu viele Fehlerquellen, als dass man mit Gewissheit ein Urteil abgeben könnte. Und von diesem Urteil könnte immerhin das Leben des Goldschmieds Philippos abhängen.

«Von wegen *heureka!*», knurrt Archimedes. «Da hab ich mich wohl etwas zu früh gefreut. Aber es muss doch einen eleganteren Weg geben, den Unterschied zwischen echtem und falschem Gold zu bestimmen ...»

Der Auftrieb bringt es an den Tag

Die oben erzählte Geschichte beruht auf dem Bericht, den uns der römische Schriftsteller Vitruv im ersten Jahrhundert hinterlassen hat. Als Architekt kannte er sich zwar mit der Wissenschaft seiner Zeit aus, aber die Beschreibung der «Heureka!»-Geschichte ist doch ein bisschen mager. Insbesondere erklärt die Handlung eben nicht die Entdeckung des sogenannten «Archimedischen Prinzips».

Was Archimedes in Vitruvs Geschichte angeblich so in Begeisterung versetzt, ist die recht simple Erkenntnis, dass Körper mit mehr Volumen mehr Wasser verdrängen, wenn man sie untertaucht. Wenn man weiß, dass Silber eine geringere Dichte als Gold hat und daher ein Körper aus Silber mehr Raum einnimmt als ein gleich schwerer Körper aus Gold, dann ist das fast schon banal. Das Archimedische Prinzip dagegen ist eine Aussage über die Auftriebskraft, die jeder Körper unter Wasser beziehungsweise in einem beliebigen Medium erfährt:

Ein Körper erfährt in einem Medium eine Auftriebskraft, die dem Gewicht des von dem Körper verdrängten Mediums entspricht.

Wie diese Auftriebskraft zustande kommt, erkläre ich ausführlicher in Kapitel 6. Aus diesem Satz folgt zum Beispiel: Ein Schiff sinkt genau so tief ins Wasser ein, bis es so viel Wasser verdrängt hat, wie es selbst wiegt. Es bedeutet aber auch, dass ein Klumpen Silber im Wasser mehr Auftrieb bekommt als ein gleich schwerer Klumpen Gold – eben weil er mehr Wasser verdrängt. Genau genommen gilt das bereits in der Luft, nur wiegt die verdrängte Luft so wenig, dass man das in allen Rechnungen und Wägungen vernachlässigen kann.

Und diese Erkenntnis ist nicht banal. Sie widersprach damals ganz gewiss der Intuition, und sie bedeutete einen wissenschaftlichen Durchbruch, ohne den viele Erfindungen, bis hin zum modernen Flugzeug, nicht denkbar gewesen wären.

Aber schauen wir erst einmal, wie weit Archimedes mit seinem ersten Lösungsansatz gekommen wäre: Die goldenen Ehrenkränze, die im antiken Griechenland für die Götter geflochten wurden, hatten maximal einen Durchmesser von 20 Zentimetern. Wir gehen jetzt zu modernen Maßeinheiten über und nehmen an, dass der von König Hieron bestellte Kranz diese Größe hatte und eine Masse von 1000 Gramm. Um das Volumen zu berechnen, brauchen wir die Dichte der beiden Materialien. Gold hat eine Dichte von $19,3 \text{ g/cm}^3$, die Dichte von Silber ist $10,5 \text{ g/cm}^3$.

Das Volumen einer reinen Goldkrone ist leicht zu berechnen: Man teilt 1000 Gramm durch die Dichte und erhält 51,8 Kubikzentimeter.

Nehmen wir an, in der gefälschten Krone hätte der betrügerische Goldschmied 100 g des Goldes durch Silber ersetzt. Diese 100 g Silber haben ein Volumen von $100/10,5 = 9,5$ cm³. Das Gold, das dadurch ersetzt wurde, hatte ein Volumen von 5,2 cm³ – es bleibt ein Überschuss von 4,3 cm³, das ist der zusätzliche Rauminhalt der falschen Krone!

Um den goldenen Kranz komplett ins Wasser eintauchen zu lassen, muss das runde Gefäß einen größeren Durchmesser haben, bequem passt der Kranz in einen Topf mit 25 Zentimeter Durchmesser. Der sei nun bis zum Rand mit Wasser gefüllt – um wie viel steigt der Wasserspiegel an?

Die Goldkrone hat ein Volumen V von 51,8 cm³, die nun auf die Wasseroberfläche A verteilt werden. Zunächst berechnen wir die Oberfläche mit Hilfe der Kreisformel aus dem Radius von 12,5 cm:

$$A = \pi \cdot r^2 = 3,14 \cdot 156,25 = 490,8$$

(Ich werde im ganzen Buch die Zahlen, die bei Rechnungen herauskommen, kräftig auf- und abrunden und trotzdem das Gleichheitszeichen verwenden – hier geht es nicht um mathematisch exakte Werte, sondern meistens um ungefähre Angaben!)

Auf diese Fläche werden nun die 51,8 cm³ Wasser verteilt, die die Krone verdrängt – das macht einen Anstieg von ziemlich genau einem Millimeter aus.

Es ergibt sich also ein winziger rechnerischer Anstieg der Oberfläche. Aber in der Praxis ist es noch schwieriger: Wie in der Geschichte beschrieben wurde, hat Wasser eine Oberflächenspannung, die dafür sorgt, dass sich eine «Haut» über dem Gefäß wölben kann. Unter Umständen kann es passieren, dass überhaupt kein Wasser überläuft, wenn man die Krone hineinlegt!

Aber selbst wenn – der Unterschied zwischen echter und falscher Krone ist ja noch viel geringer. Die mit Silber legierte Krone hatte ein zusätzliches Volumen von 4,3 cm³, und wenn man die auf die Fläche verteilt, dann stellt man fest: Der Wasserspiegel ist nur 0,09 Millimeter höher als bei der echten Krone – ein zehntel Millimeter! Und kein mathematisch gebildeter Richter dürfte das angesichts der Messungenauigkeiten dieser Methode als Beweis für den Betrug akzeptieren.

Nein, um den Golddiebstahl zu beweisen, muss schon ein feineres Messverfahren her. Und Archimedes hat mit seinem Archimedischen Prinzip eines an der Hand. Er muss nämlich nur den Auftrieb ausnutzen, den die verschiedenen Materialien unter Wasser erfahren.

Dazu balanciert er zunächst einmal mit einer einfachen, damals üblichen Balkenwaage die Krone mit dem Goldbarren aus, den ihm Hieron zusätzlich mitgegeben hat. Beide haben eine Masse von 1000 g, und den Auftrieb in der Luft können wir vernachlässigen. Die Waage müsste also ausgeglichen sein.

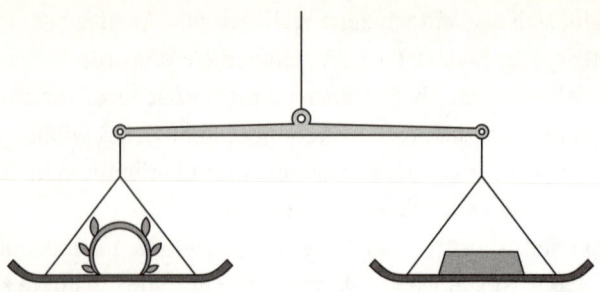

Nun wird die Waage so in ein Becken mit Wasser eingetaucht, dass Krone und Goldbarren komplett unter Wasser sind. Wenn beide Teile aus purem Gold sind, sollten sie auch dasselbe Volumen haben und deshalb denselben Auftrieb erfahren. Die Waage bleibt also im Lot.

Was aber passiert, wenn der Kranz gefälscht ist? Dann hat er ein größeres Volumen, verdrängt mehr Wasser, erfährt laut Archimedischem Prinzip mehr Auftrieb, und die Waage neigt sich zu der Seite mit dem Goldbarren.

Funktioniert das auch praktisch? Um das auszurechnen, müssen wir von der Masse der Gegenstände aufs Gewicht umsteigen. Das ist eine der ersten Sachen, die man im Physikunterricht lernt und trotzdem im täglichen Leben gern wieder vergisst. Man sagt, jemand wiegt 80 Kilogramm, aber Kilogramm ist eine Einheit für die Masse. Diese Masse behält man auch, wenn man zum Beispiel auf dem Mond ist, aber die Waage zeigt dort nur ein Sechstel an. Sie misst nämlich eigentlich nicht die Masse, sondern die Kraft, die diese Masse auf eine Waage ausübt. Und die ist von örtlichen Gegebenheiten abhängig. Stellen Sie sich mal unter Wasser auf eine Waage – die zeigt da gar nichts an, weil der Auftrieb ziemlich genau dem Körpergewicht in der Luft entspricht.

Als ich in die Schule ging, war als Gewichtseinheit noch das

Kilopond üblich – eine bequeme Sache, weil zumindest Körper mit hoher Dichte in der Luft pro Kilogramm Masse ziemlich genau ein Kilopond Gewicht auf die Waage brachten. Heute werden in der Physik alle Kräfte in Newton (N) angegeben, und vorerst reicht es hier aus, zu wissen, dass ein Kilogramm Gold, Silber oder Wasser auf der Erde etwa 9,8 Newton wiegt.

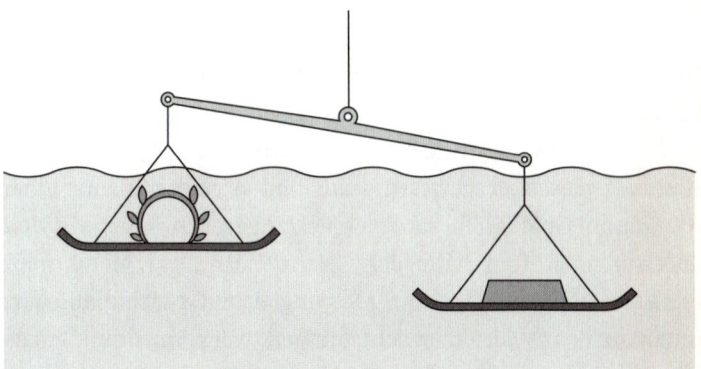

Jetzt können wir rechnen:

Der Goldbarren und die falsche Krone wiegen jeweils 9,8 Newton. Unter Wasser bekommen sie aber jeweils unterschiedliche Auftriebskräfte: Der Goldbarren verdrängt 51,8 cm³ Wasser. Das hat eine Masse von 51,8 g (die physikalischen Einheiten orientieren sich häufig am Wasser!) und wiegt 0,5 N. Das heißt, die Gewichtskraft des untergetauchten Barrens ist nur noch 9,3 N.

Die falsche Krone nun hat ein um 4,3 cm³ größeres Volumen, also 56,1 cm³, das verdrängte Wasser wiegt 0,55 N. Entsprechend wiegt die eingetauchte Krone nur noch 9,25 N. Die Waage neigt sich zu der Seite mit dem Barren!

Ist dieser Unterschied nun tatsächlich messbar, insbesondere mit den Waagen aus Archimedes' Zeit? Der Unterschied beträgt 0,05 Newton, das entspricht einer Masse von etwa fünf Gramm – und einen solchen Unterschied kann eine guttarierte Balkenwaage durchaus messen!

Diesen augenscheinlichen Beweis hätte auch ein Richter im antiken Syrakus akzeptiert.

Die elegante Methode hätte sogar funktioniert, wenn König Hieron knauseriger gewesen wäre und Archimedes nur einen 100-Gramm-Goldbarren als Referenz mitgegeben hätte. Mit dem überlaufenden Topf hätte der Gelehrte dann gar nichts mehr ermitteln können. Man kann aber ungleiche Gewichte durchaus miteinander ins Gleichgewicht bringen, wenn man eine Waage benutzt, deren Angelpunkt verstellbar ist. Es gilt dann nämlich – für eine ausgeglichene Waage – das Hebelgesetz: Kraft am rechten Hebelarm mal Länge des rechten Hebelarms ist gleich der Kraft am linken Hebelarm mal der Länge des linken Hebelarms. Oder in Formeln:

$$F_1 \cdot l_1 = F_2 \cdot l_2$$

Dabei bezeichnen F_1 und F_2 die beiden Gewichtskräfte und l_1 und l_2 die Längen der beiden Arme der Waage.

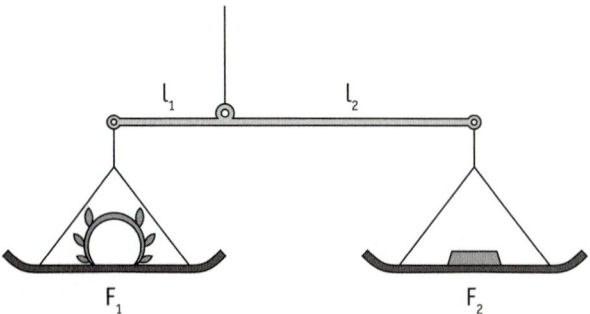

Wenn der Arm l_1 die zehnfache Länge von l_2 hat, dann bleibt die Waage im Lot – und taucht man sie ins Wasser ein, dann wird sich auch hier zeigen, ob die Krone echt ist oder nicht. *Heureka!*

Jetzt sind Sie dran: Es heißt immer, dass ein Siebtel eines Eisbergs aus dem Wasser schaut. Eis hat eine geringere Dichte als (Meer-)Wasser, deshalb schwimmt es auf dem Wasser und verdrängt genauso viel Wasser, wie seinem Gewicht entspricht. Aber ist das tatsächlich ein Siebtel, wenn man für die Dichte des Meerwassers $1{,}02\,\mathrm{g/cm^3}$ ansetzt und für die Dichte von Eis $0{,}9\,\mathrm{g/cm^3}$?

2 Die letzte Abfahrt

oder

Wieso Dicke schneller rutschen

Es ist ein großer Moment im Leben jedes Jungen, wenn er zum ersten Mal seinem Vater davonläuft. Endlich schneller! Ein Moment des Triumphs – nicht weil man den anderen besiegt hat, sondern weil dieser Sieg einen Übergang bedeutet, den Übergang von der Kindheit in eine Zeit, in der man jedenfalls körperlich für voll genommen wird.

Es ist ein sehr zwiespältiger Moment im Leben eines Mannes, wenn ihm zum ersten Mal der eigene Sohn davonläuft. Es ist nicht das Gefühl, ein Rennen verloren zu haben, schließlich gönnt man dem eigenen Nachwuchs alles, und das bedingungslos. Nein, aber diese Niederlage ist eine unumkehrbare – der Sohn wird auch jedes folgende Rennen gewinnen, und der Abstand wird wachsen. Auch für den Erwachsenen ist es ein Moment des Übergangs.

Diese Gedanken gehen Stefan Putzer durch den Kopf, als er am Abend zusammen mit seinem Sohn Marcel im Restaurant «Zur Sennerin» im österreichischen Skiort Sölden eine große Portion Kaiserschmarrn verspeist. Der Tag auf der Skipiste ist für beide anstrengend gewesen, beide werden von einem gehörigen Muskelkater geplagt, aber Stefan Putzer plagt zusätzlich noch die Einsicht: Sein Sohn fährt besser Ski als er, zumindest schneller.

Seit zwölf Jahren nun fahren Vater und Sohn schon gemeinsam zum Skilaufen. Einmal pro Jahr geht es für eine Woche vom Norddeutschen Tiefland in die Berge der Alpen, nach Österreich, nach Südtirol oder in die Schweiz. Putzer erinnert sich noch, wie er Marcel den ersten Schneepflug beibrachte, wie er mit dem Kind zwischen den Beinen den Hang hinunterkurvte.

Schon im dritten Skiurlaub war dem Kind das Fahren mit dem Vater zu langweilig geworden, es jagte lieber mit seinesgleichen die Pisten hinunter. Der Vater ging es zunehmend ruhig an, aber wenn man dann bei der letzten Abfahrt des Tages zusammen hinunter ins Tal fuhr, ließ er doch gern auf den steilen Stücken noch einmal sein Können aufblitzen. Schließlich musste doch klar sein, wer hier das erfahrenere Ski-Ass war.

Aber heute war es nichts gewesen mit dem Aufblitzen-Lassen. Marcel fuhr ihm auf der letzten Abfahrt einfach auf und davon. «Hey, fahr nicht so riskant!», rief ihm Stefan Putzer noch hinterher – aber er wusste, dass es gar nicht an Marcels Wagemut lag. Äußerst sicher und elegant stob der 16-Jährige die Piste hinunter, während der 45-Jährige bisweilen das Gefühl hatte, an seine Grenzen zu kommen.

«Was für eine Abfahrt!», schwärmt Marcel, noch immer berauscht von der Geschwindigkeit – und natürlich auch von der Tatsache, dass er als Erster an der Talstation angekommen ist. «Perfekter Schnee, super Wetter – so macht das Skifahren Spaß!»

«Genau», pflichtet der Vater ihm bei. Klang es auch begeistert genug? Putzer hofft es.

«Und morgen fahren wir ein kleines Rennen, abgemacht?», fordert ihn Marcel heraus. «Auf dem Slalomkurs, wo man für einen Euro die Zeit nehmen lassen kann, okay?»

«Abgemacht», sagt der Vater. «Ich zahle. Und der Verlierer gibt dem Gewinner einen Jagatee aus.»

«Den hab ich schon mal sicher», lacht Marcel. Der Vater lächelt nur.

In der Nacht schneit es, und am nächsten Tag ist das Wetter

wieder so, wie es sich ein Skifahrer wünscht: blauer Himmel, frischer Pulverschnee, gutpräparierte Pisten. Die beiden fahren den ganzen Tag zusammen, machen nur eine kurze Mittagspause, und am Nachmittag geht es dann auf den Slalomparcours, der für die Touristen abgesteckt worden ist.

Und natürlich kommt es so, wie es beide vorhergesehen hatten: Stefan Putzer hat gegen seinen Sohn keine Chance. Die zwölf Lehrjahre machen sich bezahlt, behände schwingt der Sohn um die Slalomstangen herum und ist gut zwei Sekunden schneller unten als der Vater, der noch dazu im Ziel heftig keucht. Auch eine Wiederholung ändert nichts an der Wahrheit: Marcel hat seinen Vater endgültig abgehängt.

«So, damit wäre die Frage beantwortet, wer hier der bessere Skifahrer ist», sagt Marcel mit einer Spur zu viel Überheblichkeit in der Stimme. «Lass uns schnell runter ins Tal, ich möchte meinen Gewinn kassieren!»

«Du hast ja recht», antwortet der Vater, immer noch ein bisschen außer Atem. «Aber diesen Unterton kannst du dir sparen!» In seiner Stimme liegt eine Spur zu viel Nicht-verlieren-Können. «Aber lass uns nicht die schwarze Abfahrt nehmen, ich bin nach dem Tag doch ein bisschen groggy. Ich schlage vor, wir nehmen die langgezogene Schussfahrt durch den Wald!»

«Klar, können wir machen», antwortet sein Sohn. «Und, fahren wir das wieder als Rennen?»

In diesem Moment fährt ein Gedanke durch Stefan Putzers Kopf. Ein Gedanke, der von einem spielerischen Gefühl der Revanche begleitet ist. Putzer ist Physiklehrer, und der Physiker in ihm wittert hier eine letzte Chance, seine heutige Niederlage noch in einen Sieg zu wenden.

«Einverstanden, aber wir fahren nach folgenden Regeln: Wir stellen uns oben nebeneinander hin und lassen uns einfach den

Hang runtergleiten – ohne Anschieben, ohne Hilfsschritte. Und wer zuerst unten ankommt, der hat nicht nur das Rennen gewonnen, sondern den ganzen Tag.»

«Alles oder nichts, was?», lacht der Sohn. «Und mit Können oder gar Sport hat das dann ja überhaupt nichts mehr zu tun, wir lassen uns einfach nur von der Schwerkraft ins Tal ziehen.» Dann denkt er kurz nach. «Also du verstehst mehr von Physik als ich, aber wir haben vor zwei Jahren die schiefe Ebene in der Schule durchgenommen. Und da kam heraus, dass auf der alles ähnlich passiert wie im freien Fall – alle Körper rutschen oder rollen gleich schnell ins Tal, vorausgesetzt, die Reibung ist dieselbe. Da wir die gleichen Skier haben, sollte das so sein, also müsste ein Dicker wie du genau gleichzeitig mit einem Dünnen wie mir unten ankommen!»

«Wenn du meinst», sagt der Vater und kann ein leichtes Grinsen nicht vermeiden. «Und das mit dem Dicken möchte ich überhört haben. Ich bin größer als du und ein bisschen kräftiger gebaut. Lass es uns ausprobieren!»

Die beiden stellen sich Skispitze an Skispitze am Beginn der langgezogenen Piste auf und stützen sich mit den Skistöcken ab. Auf «Los!» nehmen sie die Stöcke hoch, die Skier setzen sich fast grotesk langsam in Bewegung. Aber schon nach ein paar Metern nehmen Vater und Sohn Fahrt auf. Die Piste ist blau gekennzeichnet, sie wird nie so steil, dass ein geübter Skifahrer gezwungen wäre, Schwünge zu machen – man kann die Ski einfach «laufen lassen», ohne die Kontrolle zu verlieren.

Und schon nach wenigen hundert Metern muss Marcel einsehen, dass sein Vater zwar nicht mehr der bessere Skifahrer ist, aber immer noch der bessere Physiker: Zentimeter für Zentimeter schiebt sich der Alte an ihm vorbei, nach der Hälfte der zwei Kilometer langen Strecke hat er schon einen Vorsprung von zehn Metern. Marcel geht in die Hocke, aber das tut Stefan Putzer auch.

Was der Junge auch probiert, extreme Rückenlage oder Kanten der Skier – es nutzt nichts, der Vater ist schneller und schwingt mit 25 Meter Vorsprung an der Talstation der Gondel ein.

«Was für ein Rennen!», ruft Stefan Putzer aus, der seinen letzten Sieg offenbar genießt.

«Na ja, dick gewinnt», brummt Marcel. «Lass uns einkehren und den Jagatee trinken – und dann erklär mir, warum ein schwerer Skifahrer schneller unten ankommt als ein leichter!»

Die Zeche hat dann übrigens doch der Vater bezahlt.

Die Luft bremst

Fährt ein schwerer Skifahrer unter ansonsten gleichen Bedingungen tatsächlich schneller als ein leichter? Bevor wir uns den Skifahrern zuwenden, betrachten wir einen einfacheren Fall: den einer unendlich großen Steigung, also den freien senkrechten Fall von Objekten. Fallen schwerere Dinge langsamer als leichtere? Das war für die Menschen früher so sonnenklar, dass man gar nicht daran dachte, es einmal experimentell zu überprüfen. Der Legende nach soll Galileo Galilei die Fallgesetze bewiesen haben, indem er unterschiedlich schwere Kugeln gleicher Größe vom Schiefen Turm von Pisa warf – und beide Kugeln kamen gleichzeitig unten an.

Aber die Geschichte ist wohl tatsächlich nur eine Legende. Gleich aus mehreren Gründen: Erstens gab es damals gar nicht die Uhren, um derart schnelle Bewegungen exakt zu messen. Galilei benutzte deshalb schiefe Ebenen, auf denen er Kugeln rollen ließ.

Und zweitens war Galileo lange selbst auf dem falschen Dampfer. In seinem Frühwerk *De Motu*, das um 1590 entstand, versuchte er, die (falsche) These von Aristoteles zu widerlegen, dass die Fallgeschwindigkeit eines Körpers von seinem Gewicht abhängt. Der junge Galilei entwickelte eine komplizierte, leider ebenfalls falsche Theorie, nach der nicht das Gewicht, sondern die Dichte eines Körpers die Fallgeschwindigkeit bestimmt.

Aber Galileo war offen für Experimente und sah ein, dass die Wirklichkeit mit seiner Theorie nicht übereinstimmte: «Denn wenn man zwei unterschiedliche Körper nimmt, die solche Eigenschaften haben, dass der erste zweimal so schnell fallen sollte wie der zweite, und lässt sie von einem Turm fallen, dann erreicht der erste den Boden nicht wesentlich schneller als der zweite.» Eine schmerzliche Einsicht, die ihn nicht ruhen ließ, bis er Jahre später das tatsächliche Fallgesetz entdeckte, nach dem alle Körper gleich schnell fallen – zumindest, wenn man die Reibungskräfte vernachlässigt.

Woran liegt das? Es hat mit der Trägheit von Massen zu tun. Alle Massen sind träge, das heißt, sie wollen ihren aktuellen Zustand beibehalten und sträuben sich gegen seine Änderung. Das gilt für Massen in Ruhe, aber auch für Massen, die sich mit konstanter Geschwindigkeit bewegen. Man muss also eine Kraft aufwenden, um diese Trägheit zu überwinden, und die Kraft ist proportional zur Masse – für eine doppelte Masse ist die Kraft doppelt so groß.

Im Schwerkraftfeld der Erde wirkt ständig eine Kraft auf jeden Körper die Gewichtskraft. Da Masse und Gewicht proportional sind, werden sie oft verwechselt. Früher gab es die Einheit Kilopond fürs Gewicht, und ein Kilopond entsprach weitgehend dem Gewicht einer Masse von einem Kilogramm. Die Werte auf der Skala einer Waage zum Beispiel dürften eigentlich nicht in Kilogramm angegeben sein – man misst ja die Kraft, die der Körper auf die Waage ausübt, und nicht seine Masse.

Wenn man Kraft *(F)* und Masse *(m)* kennt, kann man die Beschleunigung *(a)* ausrechnen, die ein Körper erfährt, wenn er in einem Schwerefeld losgelassen wird. Das macht man mit der Formel

$$F = m \cdot a$$

oder, aufgelöst nach *a:*

$$a = \frac{F}{m}$$

Weil aber *F* und *m* zueinander proportional sind, hat der Bruch auf der rechten Seite für alle Massen denselben Wert – jeder Körper erfährt dieselbe Beschleunigung!

Für die im Schwerefeld der Erde konstante Beschleunigung hat sich die Bezeichnung *g* eingebürgert, die sogenannte Erdbeschleunigung. Sie hat einen Wert von ungefähr 9,8 m/s^2.

Dazu zwei Anmerkungen: Erstens ist es sehr praktisch, wenn auch vollkommen zufällig, dass dieser Wert sehr nahe bei 10 liegt, das macht viele physikalische Rechnungen erheblich einfacher. Zum Beispiel hat eine Masse von einem Kilogramm ein Gewicht von 9,8 oder rund 10 Newton.

Zweitens: Bei der Einheit m/s^2 setzt für viele das physikalische Verständnis aus – was zum Teufel soll man sich unter einer «Quadratsekunde» vorstellen? Eine Zeitfläche? Nein. Beschleunigung ist ein Maß für die *Änderung* von Geschwindigkeit. 9,8 m/s^2 bedeutet «9,8 Meter pro Sekunde pro Sekunde». Die Geschwindigkeit wächst jede Sekunde um 9,8 m/s. Lässt man eine Masse fallen, dann hat sie nach einer Sekunde die Geschwindigkeit 9,8 m/s, nach zwei Sekunden 19,6 m/s und so weiter.

Dass die Erdbeschleunigung für alle Körper dieselbe ist, finden viele Menschen nicht plausibel. Es widerspricht ja auch einer ganzen Reihe von Erfahrungen, die wir täglich machen. Zum Beispiel fällt ein mit Luft gefüllter Ballon langsamer als eine Stahlkugel, und eine Feder gleitet langsamer zu Boden als eine Münze. In beiden Fällen ist der Grund für den langsameren Fall der Widerstand, den die Luft der Masse entgegensetzt. Lässt man zum Beispiel die Luft aus dem Ballon, so erfährt er einen viel geringeren Luftwiderstand und fällt fast wie ein Stein zu Boden. Und was die Feder angeht: So gut wie jeder Schüler kennt aus dem Physikunterricht den Versuch, bei dem eine Feder und eine Münze in einem großen Glasrohr zu Boden fallen. Zunächst schwebt die Feder langsam nach unten. Pumpt man aber die Luft aus dem Rohr, fallen Feder und Münze tatsächlich gleich schnell.

Um beim Beispiel der Feder zu bleiben: Fällt eine kleine Feder genauso schnell wie eine große? Stellen Sie sich eine winzige Daunenfeder vor und dann eine große Gänsefeder, wie sie früher zum Schreiben verwendet wurde. Während die kleine Feder regelrecht in der Luft tanzt und manchmal vielleicht sogar von einer Strömung wieder höher getragen wird, fällt die große ziemlich unbeeindruckt von der Luft zu Boden. Ihr scheint der Luftwiderstand irgendwie weniger auszumachen. Und ganz ähnlich ist es bei den unterschiedlich schweren Skifahrern – dem leichteren setzt der Fahrtwind mehr zu.

Das alles kann man auch quantifizieren. Dazu begeben wir uns jetzt erst einmal von der Vertikalen auf die schiefe Ebene – auf den Hang, den unsere Skifahrer hinunterdüsen.

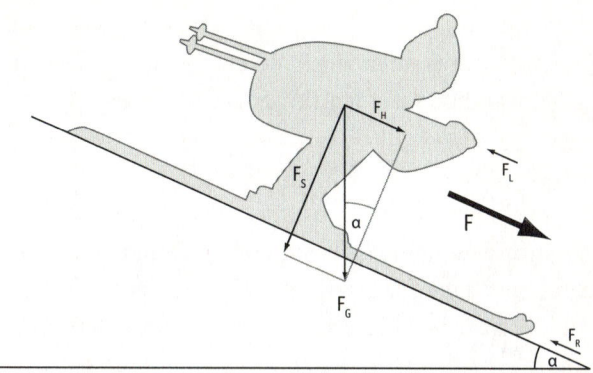

Im freien Fall wirkt die gesamte Gewichtskraft eines Körpers beschleunigend, auf der schiefen Ebene nur ein Teil – je flacher der Hang, umso kleiner ist diese sogenannte Hangabtriebskraft.

Das System Skifahrer (Mensch plus Ski) hat einen Schwerpunkt, der sogar außerhalb des Skifahrer-Körpers liegen kann, und an dem greifen alle Kräfte an, die wir nun betrachten. Da ist zunächst einmal die Gewichtskraft F_G, die direkt zum Erdmittelpunkt weist. Kräfte haben die schöne Eigenschaft, dass man sie mit einem Parallelogramm fast beliebig in Teilkräfte zerlegen kann. In diesem Fall interessiert uns die Kraft F_H, die parallel zum Hang wirkt. Deshalb zerlegen wir den Gewichtskraft-Pfeil in zwei Komponenten: die Hangabtriebskraft F_H sowie die Kraft F_S, die auf den Skiern lastet.

Was hindert die Skifahrer daran, auf ihrer Abfahrt immer schneller zu werden? Da sie sich vorschriftsmäßig wie ein Sack Kartoffeln zu Tal gleiten lassen und selbst keine Kräfte einsetzen, gibt es nur zwei Kräfte, die der Talfahrt entgegenwirken: die Reibung der Skier auf dem Schnee sowie den Luftwiderstand.

Die Reibungskraft nennen wir F_R, den Luftwiderstand F_L. Dann gilt für die Gesamtkraft F, die den Skifahrer zu Tal zieht:

$$F = F_H - F_R - F_L$$

Und die Beschleunigung a berechnet sich dann aus der schon weiter oben stehenden Gleichung

$$a = \frac{F_H - F_R - F_L}{m}$$

Um die drei Einzelkräfte zu berechnen, braucht man ein bisschen Trigonometrie, also die Rechnung mit Sinus und Cosinus. Hier reicht es aber, zu wissen, dass der Sinus eines Winkels im rechtwinkligen Dreieck der Quotient aus der gegenüberliegenden Seite und der Hypotenuse (der langen Seite) ist. Der Winkel α, der die Hangneigung beschreibt, findet sich auch in dem Kräfte-Parallelogramm, sodass gilt:

$$\sin\alpha = \frac{F_H}{F_G}$$

$$F_H = F_G \cdot \sin\alpha = m \cdot g \cdot \sin\alpha$$

Hier kommen also die Masse des Skifahrers und die Erdbeschleunigung ins Spiel!

Wie stark bremst die Reibung den Skifahrer? Das hängt von einer Menge Faktoren ab – etwa dem Zustand des Schnees und der Außentemperatur. Bei manchen Schneeverhältnissen entsteht ein Wasserfilm unter dem Ski, sodass er sehr schnell gleitet. Wird die

Sache aber zu nass, dann bremst das Wasserpolster den Skifahrer wieder.

Hängt die Reibung von der Masse ab? Das ist unter Skifahrexperten umstritten. Wir nehmen aber hier an, dass eine größere Masse auch eine entsprechend höhere Reibung erfährt, wie es bei trockener Reibung an der schiefen Ebene auch der Fall ist. Alle Umweltumstände gehen in einen Faktor μ ein, den Reibungskoeffizienten. Vom Gewicht des Skifahrers wird nur der Anteil F_S berücksichtigt, der senkrecht auf den Ski drückt.

$$F_R = F_S \cdot \mu = F_G \cdot \cos\alpha \cdot \mu = m \cdot g \cdot \cos\alpha \cdot \mu$$

Der Ski rutscht nur, wenn die Hangabtriebskraft größer ist als die Reibungskraft! Schaut man sich die beiden Kräfte an, so sieht man, dass sie (bei konstanter Neigung und gleich bleibenden Schneeverhältnissen) beide proportional zur Masse sind und sich nur um einen konstanten Faktor unterscheiden. Die resultierende Kraft ist immer noch proportional zur Masse und bleibt während der ganzen Fahrt gleich – und das heißt, beide Skifahrer erfahren dieselbe konstante Beschleunigung, und ihre Geschwindigkeit würde über alle Maßen steigen!

Vor allem diese immer während Beschleunigung widerspricht aber der Erfahrung. Insbesondere auf flachen Hängen hört die Beschleunigung irgendwann auf – der Fahrer erreicht eine Grenzgeschwindigkeit, danach wird er nicht mehr schneller. Auf steilen Hängen mag es sein, dass er irgendwann so schnell wird, dass er sich nicht mehr auf den Brettern halten kann, aber zumindest theoretisch gibt es auch dort eine Grenzgeschwindigkeit. Und selbst im freien Fall wird ein Körper nicht immer schneller – das kann jeder Fallschirmspringer bestätigen.

Der Grund dafür ist, dass die zweite bremsende Kraft, der Luftwiderstand, mit zunehmender Geschwindigkeit stark ansteigt. Den Luftwiderstand konkret zu berechnen ist eine sehr schwierige Aufgabe, die Kräfte hängen von vielen Faktoren ab, unter anderem davon, ob der Körper eine strömungsgünstige Form hat. Diese geht in den sogenannten «Luftwiderstandsbeiwert» c_w ein, mit dem manchmal für windschnittige Autos geworben wird. Ermitteln kann man diesen Wert nur experimentell im Windkanal.

Wenn man ihn kennt, dann gilt für die Luftwiderstandskraft:

$$F_\mathrm{L} = c_\mathrm{w} \cdot A \cdot v^2$$

Dabei ist v die Geschwindigkeit und A die «im Wind stehende» Fläche des Skifahrers. Die darf man sich vorstellen als den Schatten, den der Skifahrer wirft, wenn er von vorn angestrahlt wird. Eine größere Fläche bedeutet: Der Fahrtwind hat mehr Angriffsfläche, er kann entsprechend mehr bremsen. Das ist das Wirkprinzip eines Fallschirms!

Der Gleichung sieht man an, dass die Luftwiderstandskraft mit der Geschwindigkeit stark wächst. Verdoppelt sich das Tempo, so wird der Luftwiderstand vervierfacht! Weil die Hangabtriebskraft (abzüglich der Gleitreibung) aber während der ganzen Fahrt konstant bleibt, gilt selbst für den windschnittigsten Fahrer, der sich ganz zusammenkauert, um seine Fläche A zu minimieren: Irgendwann wird der Luftwiderstand so groß, dass Hangabtriebskraft und Reibung genau ausgeglichen werden. Dann wirkt überhaupt keine Kraft auf den Fahrer – und seine träge Masse bewegt sich mit konstanter Geschwindigkeit zu Tal.

Mathematisch ausgedrückt, ergibt sich für die Beschleunigung:

$$a = \frac{F_H - F_R - F_L}{m} = \frac{F_H}{m} - \frac{F_R}{m} - \frac{F_L}{m} =$$

$$\frac{m \cdot g \cdot \sin\alpha}{m} - \frac{m \cdot g \cdot \cos\alpha \cdot \mu}{m} - \frac{c_w \cdot A \cdot v^2}{m} = g \cdot (\sin\alpha - \cos\alpha \cdot \mu) - \frac{c_w \cdot A \cdot v^2}{m}$$

Und was ist nun mit den beiden unterschiedlich schweren Fahrern? Menschen gibt es in allen möglichen Größen und Dicken. Wir nehmen für die Rechnung einmal an, dass der Vater 10 Prozent größer ist als der Sohn und dass er eine maßstabsgerechte Vergrößerung des Jugendlichen ist. Das ist eine ziemliche Vergröberung, schließlich sind kleine Menschen aus vielerlei Gründen nicht proportional verkleinerte große Menschen. (Insbesondere bei Babys fällt das auf: Auf alten Gemälden wird das Jesuskind oft als winziger Erwachsener dargestellt, und das finden wir heute unfreiwillig komisch.) Aber die Rechnung erleichtert es ungemein.

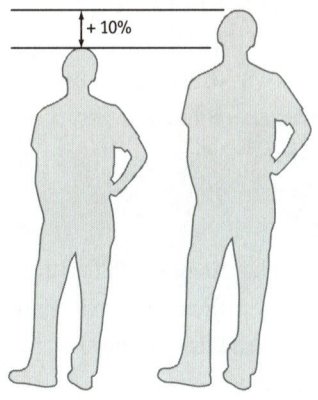

Man bemerke, dass bei einer maßstabsgerechten Vergrößerung alle Maße um 10 Prozent zunehmen – nicht nur die Höhe, sondern auch Breite und Tiefe. Das ist ja auch in der Wirklichkeit so: Erwachsene haben ein breiteres Kreuz und dickere Oberschenkel als Kinder.

Wenn der Vater in diesem Sinne 10 Prozent größer ist als der Sohn, dann wiegt er auch 10 Prozent mehr, oder? Das ist ein verbreiteter Fehlschluss. Die 10 Prozent werden ja in allen drei Raumrichtungen draufgeschlagen. Das sieht man leichter bei regelmäßigen Körpern ein, etwa einem Würfel: Ein Würfel mit einer Kantenlänge von 1 Meter hat ein Volumen von 1 Kubikmeter – ein Würfel mit einer Kantenlänge von 1,10 Metern hat ein Volumen von $1,1 \times 1,1 \times 1,1 = 1,33$ Kubikmetern.

Bei unregelmäßigen Körpern wie unseren idealisierten Skifahrern ist es nicht anders, und das Volumen und damit die Masse des Vaters ist 1,33-mal so groß wie beim Sohn.

Wenn m die Masse des Sohnes ist und m' die Masse des Vaters, dann gilt also:

$$m' = 1,33 \cdot m$$

Entsprechend können wir nun auch die Beschleunigung des Vaters im Vergleich zum Sohn berechnen. Es ist

$$a' = g \cdot (\sin\alpha - \cos\alpha \cdot \mu) - \frac{c_{\mathrm{w}} \cdot A' \cdot v'^2}{m'}$$

Die Größe von m' ist bekannt, wie sieht es mit A' aus? A und A' sind ja die Querschnittsflächen, die der Sohn beziehungsweise der Vater dem Fahrtwind bieten. Ein Blick auf die Strichmännchen zeigt: Um das Verhältnis der Flächen zu berechnen, müssen wir 1,1 mit 1,1 malnehmen: A' ist also das 1,21-Fache von A.

Die Formel sieht jetzt so aus:

$$a' = g \cdot (\sin\alpha - \cos\alpha \cdot \mu) - \frac{1,21}{1,33} \cdot \frac{c_w \cdot A \cdot v'^2}{m} = g \cdot (\sin\alpha - \cos\alpha \cdot \mu) - 0,9 \cdot v'^2 \cdot \frac{c_w \cdot A}{m}$$

In der Gleichung steckt immer noch der Faktor v'^2, und den bekommt man auch nicht so leicht da raus (für Fortgeschrittene: Dazu muss man Differentialgleichungen lösen können). Man kann sich aber überlegen, dass für jede beliebige Geschwindigkeit v gilt: Wenn der Vater mit diesem Tempo fährt, dann hat er eine größere Beschleunigung als der Sohn beim selben Tempo, weil von dem linken Ausdruck (der ungebremsten Beschleunigung durch die Schwerkraft) weniger abgezogen wird. Das ist schon am Anfang so, bei $v=0$, und gilt für jede Geschwindigkeit – der Sohn kann einfach nicht schneller werden als der Vater.

Man kann aus den Gleichungen auch die Grenzgeschwindigkeit der beiden Skifahrer berechnen – die ist nämlich dann erreicht, wenn die Beschleunigung zu null wird. Für den Sohn bedeutet das:

$$m \cdot g \cdot (\sin\alpha - \cos\alpha \cdot \mu) - c_w \cdot A \cdot v_{grenz}^2 = 0$$

Aufgelöst nach v_{grenz}:

$$v_{grenz} = \sqrt{\frac{m}{A}} \cdot \sqrt{\frac{g \cdot (\sin\alpha - \cos\alpha \cdot \mu)}{c_w}}$$

Die entsprechende Gleichung für den Vater :

$$v'_{grenz} = \sqrt{\frac{1,33 \cdot m}{1,21 \cdot A}} \cdot \sqrt{\frac{g \cdot (\sin\alpha - \cos\alpha \cdot \mu)}{c_w}} = \sqrt{1,1} \cdot v_{grenz} = 1,05 \cdot v_{grenz}$$

Und das heißt: Tatsächlich erreicht der 10 Prozent schwerere Vater eine um 5 Prozent höhere Grenzgeschwindigkeit!

Um nun konkret auszurechnen, mit welchem Vorsprung der Vater im Ziel ankommt, müsste man noch ein bisschen höhere Mathematik auf diese Formeln loslassen. Der Mathematiker Norbert Herrmann aus Meißen hat es (mit etwas anderen Gleichungen) getan und für zwei Skifahrer von 80 und 110 Kilogramm Gewicht ausgerechnet, dass der dicke gegenüber dem dünnen auf einer Strecke von einem Kilometer etwa 16 Meter Vorsprung herausfährt. Ein paar Kilo mehr können also bei der Skiabfahrt durchaus von Vorteil sein!

Jetzt sind Sie dran: Sicher haben Sie das auch schon mal gemacht: Wenn man auf einem Stuhl sitzt, kann man sich ruckelnd durch den Raum bewegen, ohne sich mit den Füßen vom Boden abzustoßen. Es wird also eine Masse in Bewegung versetzt, dazu ist eine von außen wirkende Kraft nötig – aber alle Kräfte, die Sie aufwenden, sind ja innere Kräfte des Systems Mensch–Stuhl. Woher kommt die äußere Kraft, die Sie durch den Raum befördert?

3 Die Kraft der zwei Pferde

oder

Zerreißprobe für blaue Hosen

Es ist ein schöner Frühsommertag im Jahr 1886, und Levi Strauss und Jacob Davis sitzen vor Strauss' Laden in der Fremont Street in San Francisco. Sie genießen ihre Mittagspause – und die Tatsache, dass sich der Nebel verzogen hat, der den ganzen Vormittag die San Francisco Bay eingehüllt hat.

«Hast du gesehen», brummt Strauss, «in der Lombard Street verkaufen sie ‹Jeans› für 99 Cent.» Er nimmt einen Zug aus seiner Zigarre und bläst unwillig einen Rauchring in die Luft.

«Ja, habe ich», antwortet Davis. Strauss kennt ihn seit 14 Jahren, damals kam der mit einer Idee zu ihm: Nachdem die Goldsucher und Minenarbeiter sich immer wieder darüber beschwert hatten, dass die Taschen der blauen Hosen unter den harten Arbeitsbedingungen einrissen, hatte er ausgetüftelt, dass sich die Säume mit Nieten stabilisieren ließen. Davis war ein Schneider aus Reno in Nevada gewesen und so arm, dass er sich nicht einmal die Gebühr für die Einreichung einer Patentschrift leisten konnte. So kamen die beiden ins Geschäft: Strauss zahlte die 68 Dollar für das Patent, und er machte Davis zum Leiter der Hosenproduktion.

«‹Jeans›, wenn ich das schon höre!», sagt Strauss verächtlich. Das Wort ist eigentlich Hosen vorbehalten, die aus Genueser Stoff genäht sind. Die blauen Hosen dagegen, die Levi Strauss bekannt gemacht haben, sind aus französischem Denim, das Wort leitet sich ab von *Serge de Nîmes*. Und Strauss besteht darauf, seine Hosen *over-*

alls zu nennen, obwohl sie ja eigentlich nicht den ganzen Körper bedecken. Der deutsche Einwanderer ist reich geworden mit der Idee, für die rauen Bedingungen des Westens Hosen aus einem Leinenstoff zu nähen, der vorher nur für Segel benutzt wurde. Als das Leinen ausging, war er auf die Idee mit dem blaugefärbten Denim gekommen.

Die «Levi's» sind Strauss' wichtigstes Produkt, und er legt Wert auf Qualität. Er sucht die Stoffe genauso sorgfältig aus wie das orange Garn, mit dem sie zusammengenäht werden. Das hat ihn zum Marktführer gemacht – aber eine Levi's kostet 1,46 Dollar, und die Konkurrenz versucht ihm mit Dumpingpreisen Marktanteile abzujagen. Mit Hosen aus minderwertigen Stoffen, genäht in Sweatshops in Chinatown, dem von Asiaten bewohnten Viertel der Stadt. Sogar die patentierten Nieten werden immer wieder kopiert, obwohl Strauss vor 12 Jahren schon einmal sein Patent erfolgreich vor Gericht verteidigt hat.

«Du nimmst diese Billighuber nicht ernst genug», sagt Davis. «Noch bist du Marktführer, aber das kann sich schnell ändern. So viele äußerliche Unterschiede gibt's bei einfachen blauen Hosen nicht, und die Kunden haben keinen Sinn für Qualität.»

«Keine Unterschiede? Wir haben doch schon unsere Nieten und das Muster, das wir auf die hinteren Taschen nähen», protestiert Strauss. «Eine Levi's ist unverwechselbar!»

«Für dich und mich ja, aber nicht für einen einfachen Minenarbeiter oder Goldsucher», entgegnet Davis. «Das ist unsere Kundschaft – oder glaubst du, dass die Damen der höheren Gesellschaft, die sich mit der Qualität von Stoffen auskennen, bald in blauen Arbeitshosen herumlaufen werden?»

Bei der Vorstellung muss Strauss laut lachen. «Okay, du hast recht. Hast du vielleicht auch eine Idee, wie wir unser Produkt noch unverwechselbarer machen können?»

«Was ist unser wichtigstes Verkaufsargument? Der stabile Stoff und die gute Verarbeitung!», sagt Davis. «Wie kann man diese Strapazierfähigkeit verdeutlichen? Ich habe mir da mal was überlegt.»

Er zieht einen zusammengefalteten Zettel aus der Hose. «Hier, schau mal: Wir nähen auf jede Hose ein kleines Lederetikett mit einer symbolischen Zeichnung. Die Hose ist an einem Pfosten festgebunden, und selbst ein Pferd ist nicht in der Lage, sie zu zerreißen.»

Strauss schaut sich die Zeichnung an. «Gar keine schlechte Idee», sagt er. «Das erinnert mich an eine Geschichte aus meiner deutschen Heimat. Hast du mal von Otto von Guericke gehört?»

«Otto wer?»

«Otto von Guericke, ein Gelehrter aus der Stadt Magdeburg. Der hat dort vor über 200 Jahren die Kraft des Luftdrucks demonstriert, indem er zwei Halbkugeln aufeinanderpresste und die Luft dazwischen herauspumpte, und dann konnten nicht einmal 16 Pferde, acht auf jeder Seite, die beiden Halbkugeln auseinanderreißen. Und die Bilder von diesem Ereignis machten den Mann weltberühmt – jedenfalls in Europa», erzählt Strauss, der auch nach fast 40 Jahren in Amerika noch stolz auf seine bayerische Herkunft ist.

«Aber 16 Pferde wären ein bisschen viel für eine Hose, das nimmt uns niemand ab», wendet Davis ein.

«Ich meine ja auch nicht 16 Pferde, sondern zwei – eines an jeder Seite», sagt Strauss. «Zeig nochmal her dein Bild – das sähe doch viel besser aus mit zwei Pferden: symmetrischer, und vor allem auch dynamischer. Zwei Pferde, die versuchen, eine Levi's zu zerreißen, am besten noch angetrieben von zwei Cowboys mit Peitschen – und die Hose hält!»

«Stimmt, das sähe besser aus», gibt Davis zu. «Aber würde die Hose das auch aushalten? Bei *einem* Pferd bin ich mir ziemlich sicher – aber bei zweien? Wenn die doppelte Kraft an der Hose zerrt?»

«Merk dir eins: Beim Werben geht es nicht um Wahrheit, sondern um Überzeugung», antwortet Strauss. «Und ist es wirklich die doppelte Kraft? Da bin ich mir gar nicht so sicher. Auf jeden Fall finde ich meine Variante noch ein ganzes Stück überzeugender als deine.»

Während Strauss noch redet, hat Davis schon mit ein paar Strichen ein neues Logo gezeichnet. «Stimmt, sieht besser aus!», sagt er. «Stell dir das auf Leder geprägt vor, das macht die Hose gleich noch ein Stück wertvoller. Ich würde mich nicht wundern, wenn eines Tages wirklich die feinen Leute mit Denim-Hosen über die Hafenpromenade spazieren würden.»

Strauss muss wieder lachen. «Solange da unser Emblem draufgenäht ist, soll es mir recht sein!»

Zerreißproben und Frontalkollisionen

Zerreißt die Hose eher, wenn zwei Pferde an ihr ziehen? In dieser Frage kommt Newtons drittes Prinzip ins Spiel, in dem von *actio* und *reactio* die Rede ist. «Kräfte treten immer paarweise auf», schrieb Newton 1726. «Übt ein Körper A auf einen anderen Körper B eine Kraft aus (*actio*), so wirkt eine gleich große, aber entgegengerichtete Kraft von Körper B auf Körper A (*reactio*).»

Am leichtesten kann man dieses Prinzip erkennen, wenn man Situationen betrachtet, in denen wenige Kräfte eine Rolle spielen und insbesondere keine Reibung existiert. Das Paradebeispiel sind zwei Massen im Weltall, etwa die Erde und die Sonne. Zwischen denen wirkt die Schwerkraft, und tatsächlich zieht die Sonne genauso stark an der Erde wie die Erde an der Sonne. Das heißt natürlich nicht, dass die beiden, wenn sie aufeinander zufliegen würden, sich in der Mitte träfen – die gleiche Kraft löst bei der Sonne eine viel geringere Beschleunigung aus als bei der Erde, denn Beschleunigung ist Kraft geteilt durch Masse. Im Wesentlichen würde die Erde in die Sonne stürzen, aber wenn man es ganz genau nimmt, dann treffen sie sich im gemeinsamen Schwerpunkt des Erde-Sonne-Systems. Dasselbe gilt auch, wenn wir den berühmten Newton'schen Apfel auf den Boden fallen lassen: Er fällt auf die Erde zu, aber ein winziges bisschen fällt auch die Erde auf den Apfel zu!

Beim Gesetz von Aktion und Reaktion gibt es kein Verursacherprinzip: Die Schwerkraft herrscht einfach *zwischen* den beiden Körpern, der große zieht am kleinen wie der kleine am großen.

Ähnlich ist es auch, wenn das Pferd über die Seile und die dazwischengespannte Hose mit dem starren Pfosten verbunden ist. Zwar bringt das Pferd mit seinen Muskeln die Energie für die ganze Veranstaltung auf, aber der Pfosten zieht mit derselben Kraft am Pferd wie das Pferd am Pfosten. Weil der Pfosten in der Erde verankert ist und das Pferd über seine Hufe einen «Kraftschluss» mit dem Boden hat, bewegt sich in dem ganzen Versuchsaufbau nichts, solange die Hose hält. An der Hose selbst wird in beiden Richtungen gezogen, die Summe aller Kräfte ist null, aber eine Spannung (siehe Seite 74) gibt es sehr wohl, sie berechnet sich über die Zugkraft, geteilt durch die Querschnittsfläche der Hose.

Und wenn nun ein zweites Pferd in der anderen Richtung an der Hose zerrt? Dann ändert sich prinzipiell nichts – es übernimmt einfach die Rolle des Pfostens. Das mag im ersten Moment der Intuition widersprechen, schließlich «tut» der Pfosten nichts, während das Pferd sich anstrengen muss. Vielleicht wird die Sache klarer, wenn man sich einen allmählichen Übergang zwischen den beiden Situationen vorstellt: Das Pferd ist zunächst am Pfosten festgebunden und zieht, dann löst ein (starker) Mann das Seil und bindet es am Geschirr des zweiten Pferdes fest – wenn er das geschickt macht, merkt Pferd Nummer eins gar nichts davon, und die Hose auch nicht.

Ein ganz ähnliches Problem ist die Frage, ob ein Frontalzusammenstoß zwischen zwei Autos schlimmer ist als der Aufprall auf eine Wand. Das makabre, zum Glück nur theoretische Szenario: Ein Fahrer, bei dessen Auto die Bremsen versagt haben, hat die Wahl, frontal mit 50 Kilometern pro Stunde in eine stabile Wand zu rasen oder aber in ein entgegenkommendes Auto gleichen Typs, das mit derselben Geschwindigkeit auf ihn zufährt. In welchem Fall ist der Aufprall für ihn schlimmer?

Mal ganz abgesehen davon, dass in dem entgegenkommenden Auto ja auch Menschen sitzen, die bei dem Unfall zu Schaden kämen: Oft wird argumentiert, dass bei dem Crash gegen die Wand der Zusammenstoß mit 50 km/h passiert, während die beiden Autos eine relative Geschwindigkeit von 100 km/h haben, was den Aufprall «doppelt so schlimm» machen würde. Ist da etwas dran?

Schauen wir uns zunächst einmal den Aufprall auf die Wand an.

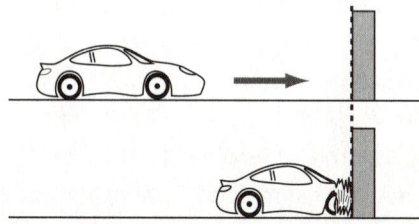

Welche Kraft wirkt auf den Wagen und damit auf den Fahrer? Das Auto hat zunächst eine Geschwindigkeit von 50 km/h, nach dem Crash ist seine Geschwindigkeit null. Es findet also eine «negative Beschleunigung» des Autos statt, und die Kraft errechnet sich nach der Formel «Masse mal Beschleunigung». Wie groß diese Beschleunigung ist, hängt stark von der Verformung des Autos ab: Ist die Karosserie sehr steif, dann kommt das Auto fast unmittelbar zum Stehen. Hat es eine große Knautschzone, dann wird es «sanfter» abgebremst. Ist der Wagen also nach dem Unfall stark verbeult, dann ist das eher ein gutes Zeichen – natürlich nur, solange die Fahrgastzelle einigermaßen intakt geblieben ist.

Das Ganze in Formeln: Kraft ist Masse mal Beschleunigung.

$$F = m \cdot a$$

Wir können annehmen, dass die Geschwindigkeit während des Zusammenstoßes linear von 14 m/s (das sind 50 km/h) auf null verringert wird, dann ist

$$F = m \cdot \frac{\Delta v}{\Delta t} = m \cdot \frac{14}{\Delta t}$$

Es kommt also darauf an, dass Δt, also die Zeit zwischen dem Erstkontakt mit der Wand und dem endgültigen Stillstand, möglichst groß wird! Und das erreicht man mit einer nachgiebigen Knautschzone, die sich möglichst komplett zusammenfaltet und die Energie des Stoßes aufnimmt. Eine steife Fahrgastzelle sorgt dann dafür, dass der Fahrer nicht gleich «mitkomprimiert» wird.

Was ist mit Aktion und Reaktion? Die gleiche Kraft, die auf das Auto wirkt, wirkt auch auf die Wand. Da die aber fest mit dem Boden verbunden ist, wirkt die Kraft praktisch auf die gesamte Erde. Also resultiert daraus wegen der großen Masse der Erde eine vernachlässigbare Bewegung – die Wand bleibt unverrückbar stehen.

Wie sieht es aus, wenn die beiden Autos zusammenknallen?

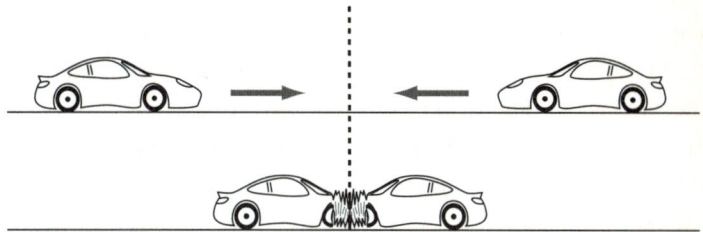

Am Anfang haben beide Wagen eine Geschwindigkeit von 50 km/h (mit unterschiedlichen Vorzeichen), nachher haben beide eine Geschwindigkeit von null. Da beide Wagen dieselbe Masse und dieselbe Geschwindigkeit haben, schiebt keiner den anderen beiseite, sie bleiben beide an der Stelle in der Mitte stehen, die ich in der Zeichnung durch eine gestrichelte Linie bezeichnet habe.

Und das heißt: Für den von links kommenden Wagen macht es keinen Unterschied, ob er auf eine Wand trifft oder auf diese gedachte Linie, an der sich gleichzeitig ein anderer Wagen auffaltet. Die Kraft, die auf ihn wirkt, berechnet sich wie vorher aus Masse mal Beschleunigung, und die (negative) Beschleunigung bleibt dieselbe. Wegen des Prinzips von Kraft und Gegenkraft wirkt dieselbe Kraft in umgekehrter Richtung auf das zweite Auto und richtet dort denselben Schaden an.

Ein anderes Ergebnis kommt heraus, wenn man sich die Energiebilanzen der beiden Unfälle anschaut: Im ersten Fall wird die kinetische Energie des einen Autos komplett in «innere Energie» umgewandelt, also die Energie, die zur Verformung der Karosserie nötig ist, und eine gewisse Menge Wärme. Im zweiten Fall ist am Anfang die doppelte kinetische Energie vorhanden, weil sich zwei Autos bewegen, und entsprechend wird die doppelte Energiemenge umgewandelt. Die ganze Sache ist lauter, und es wird doppelt so viel Masse verformt. Und auch für die Versicherungen entsteht der doppelte Schaden.

Das alles gilt unter der Voraussetzung, dass die beiden Autos die gleiche Masse, Geschwindigkeit und Bauart haben. Und das alles ändert sich, wenn man an diesen Parametern dreht – also unser erstes Auto mit einem schnelleren, schwereren oder steiferen zusammenstößt. Man überlege, was passieren würde, wenn die massive Wand mit einer Geschwindigkeit von 50 km/h auf einen zukäme! Das hätte tatsächlich erheblich schlimmere Folgen.

Um zurück zu Levi Strauss zu kommen: Zwei Pferde sehen nicht nur besser aus als eines, sie schaden der Hose auch nicht mehr. Und auch Otto von Guerickes Demonstration mit 16 Pferden mag eindrucksvoller gewesen sein, als wenn acht Pferde die an einer Wand angebundenen Halbkugeln gezogen hätten – mehr Kraft war dabei nicht im Spiel.

Jetzt sind Sie dran: Auf den Waagschalen einer Balkenwaage stehen zwei gleich große Sanduhren, die mit der gleichen Menge Sand gefüllt sind (s. Zeichnung). Nun wird eine der Uhren umgedreht, sodass der Sand zu rieseln beginnt. Neigt sich dabei die Waage zu einer Seite?

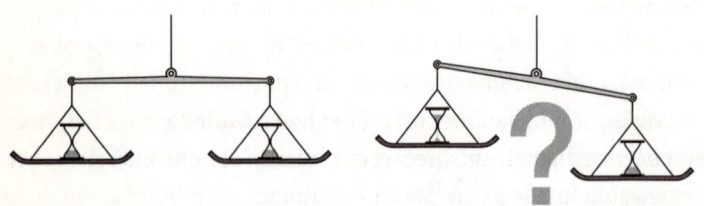

4   Die 20-Meter-Frau

oder

Size matters

Als Jürgen Pomerenke das Café Einstein Unter den Linden in Berlin betritt, winkt ihm Markus Buchstein schon von weitem zu. Buchstein, der wie immer einen schwarzen Rolli unter einem schwarzen Nadelstreifenjackett trägt, ist ein erfolgreicher Fernsehproduzent, und Pomerenke ist sein Lieblingsdrehbuchautor. Die beiden haben sich verabredet, um über Pomerenkes neues Skript zu reden. Neben Buchstein sitzt ein hagerer Mittdreißiger mit Brille, den Pomerenke noch nie gesehen hat.

«Jürgen, setz dich zu uns!», ruft Buchstein dem Neuankömmling mit seinem donnernden Bariton zu. «Ich möchte dir Stefan Hutmacher vorstellen, Dr. Stefan Hutmacher, genauer gesagt.»

«Angenehm, Pomerenke», sagt Pomerenke zu dem Fremden, mit dem er nicht gerechnet hat. Eigentlich ist er es gewohnt, seine Bücher mit Buchstein unter vier Augen zu besprechen, die beiden sind ein eingespieltes Team, und es hat noch nie ernsthafte Probleme gegeben.

«Herr Doktor Hutmacher – oder darf ich Stefan sagen? –, also, Stefan ist Physiker, und ich habe ihn engagiert, um einen Blick auf dein Skript zu werfen», sagt Buchstein.

«Hm. Okay», brummt Pomerenke.

«Weißt du – bisher hast du ja eher Krimistoffe geschrieben, aber jetzt begibst du dich aufs Gebiet der Science-Fiction, und da dachte ich, wir lassen lieber einen Fachmann mit draufschauen!»

Pomerenke bestellt einen Cappuccino. Die Sache gefällt ihm ganz und gar nicht. Wozu braucht er für die recht einfach gestrickten TV-Movies, die er für Buchstein schreibt, einen Experten? Bei den Krimis hat bisher auch keiner gefragt, ob die Ballistik der Geschosse exakt den physikalischen Gesetzen gehorcht.

«Nun guck nicht so griesgrämig», bellt Buchstein und schlägt seinem Autor jovial auf den Rücken. «Du weißt doch, wie ich Stanley Kubrick verehre!»

Ach, deshalb! Jetzt versteht Pomerenke: Buchstein ist ein Kubrick-Fan, sein Lieblingsfilm ist *2001 – Odyssee im Weltraum*, und von Kubrick weiß man ja, wie penibel er auf die wissenschaftliche Plausibilität seiner Plots geachtet hat. Da knallt es zum Beispiel nicht, wenn im All etwas explodiert – weil sich im luftleeren Raum keine Schallwellen fortpflanzen können.

«Ja, ich weiß», sagt Pomerenke, immer noch etwas pikiert, «aber du weißt auch, dass wir hier kein Kunstkino machen, sondern eine klamaukige Comedy – also eher Bully Herbig als Stanley Kubrick.»

«Ist schon klar», lenkt Buchstein ein, «aber so ein bisschen wissenschaftliche Beratung kann nicht schaden – wir können uns ja immer noch drüber hinwegsetzen!»

Der Kaffee kommt, alle Männer sind mit Getränken versorgt, und Buchstein blickt Pomerenke auffordernd an.

«Soll ich mal erzählen? Also gut», hebt Pomerenke an. «Der Film soll eine Persiflage sein auf die Monsterfilme früherer Jahrzehnte, *Godzilla* und *King Kong* und so weiter, und gleichzeitig soll das erotische Element nicht zu kurz kommen. Es gab da mal in den fünfziger Jahren einen Film, *Die 20-Meter-Frau*, im Original *The 50 ft Woman*, dessen Grundstruktur wollen wir aufgreifen.» Mit einem Seitenblick auf Buchstein fügt er hinzu: «Die Rechte sind spottbillig zu haben.»

Pomerenke holt einen Computerausdruck aus der Tasche, der

das alte Filmplakat zeigt: Eine rassige Frau in kurzem Rock steht über einer Autobahn und klaubt die Autos wie Spielzeug von der Straße.

«Es geht also um eine riesige Frau?», fragt der Produzent.

«Ja, und ich dachte dabei an Anke Engelke», sagt Pomerenke. «Die Frau ist unglücklich verheiratet, ihr Mann betrügt sie, und eines Tages landet ein Ufo auf der Erde – im Original ist es irgendwo in der Wüste von Arizona, ich dachte an Mecklenburg-Vorpommern.»

Die beiden anderen Männer werfen sich einen verstohlenen Blick zu, aber Pomerenke hat sich in Schwung geredet.

«Jedenfalls kommt die Frau dem Ufo sehr nahe, ein Alien steigt aus und fasst sie an. Zu Hause erzählt sie ihrem Mann von dem Erlebnis – ich dachte da an Mario Barth –, der hält sie für völlig übergeschnappt, was ihm aber gerade recht kommt, weil er sie loswerden will, um endlich mit seiner Geliebten zusammen sein zu können. Aber als er ihr eine Überdosis einer Beruhigungsspritze verabreichen will, stellt er fest, dass sie auf die zehnfache Größe angewachsen ist.»

«Und dann reißt sie aus und richtet eine riesige Verwüstung an», rät Buchstein, der im Geiste schon die Kosten für die digitalen Spezialeffekte aufsummiert.

«Ja genau, mitten in Berlin! Kannst du dir vorstellen, wie geil das aussieht, wenn sie die Glaskuppel des Reichstags in Scherben legt?», ereifert sich Pomerenke.

«Schön und gut, aber was ist das Besondere an deinem Remake?», will der Produzent wissen. «Wenn Sat.1 die *20-Meter-Frau* senden will, dann können sie das Original äußerst billig einkaufen, ohne dass man gleich Berlin in Trümmer legen muss.»

«Aber unser Film ist eine Persiflage, der spielt mit den Klischees des Genres!», erklärt Pomerenke. «Es wird wimmeln von Zitaten, die der Filmfan gleich erkennt. Du kennst die Szene mit Marilyn Monroes flatterndem Kleid über dem U-Bahn-Schacht – stell dir das vor mit einer 20 Meter großen Frau mitten im Hauptbahnhof von Berlin!»

«Ob die Anke das wohl mitmacht?», zweifelt Buchstein.

«Ach, sicher. Und am Schluss klettert sie wie King Kong den Fernsehturm am Alexanderplatz hoch. Die Leute werden sich nicht mehr einkriegen!»

«Und wen hat sie dann unter dem Arm?», will der Produzent wissen. «Du weißt doch, das Pendant zu der weißen Frau bei King Kong?»

«Das kann eigentlich nur Til Schweiger sein», grinst Pomerenke. «Der spielt dann einen Forscher, der das Antiserum findet, sie wird wieder normal groß, Happy End, Klappe.»

Buchstein schweigt, man sieht, dass er im Kopf die Schlussszene mit Anke Engelke und Til Schweiger durchspielt und sich noch nicht ganz sicher ist, ob das wirklich sein Traumpaar ist.

«Aber apropos Forscher», sagt er dann. «Stefan – du hast noch gar nichts gesagt. Wie findet denn der Wissenschaftler in dir die Story? Und sag jetzt nicht, dass es doch gar keine Aliens gibt. Das muss man dann schon hinnehmen.»

Der Physiker lächelt ein wenig scheu. «Also zu der Handlung generell kann ich nicht viel sagen, ich bin ja kein Experte in solchen Dingen. Und wieso die Frau über Nacht so groß wird, dazu erwarten Sie von mir sicherlich auch keine plausible Erklärung. Aber zur Physik der Geschichte habe ich ein paar Bemerkungen.»

«Nur zu, nur zu!», ermuntert ihn Buchstein.

«Die Leute sind ja heute allerlei gewohnt an Computeranimationen, Computerspielen mit Monstern und so, und deshalb sind sie auch kritischer als noch vor 50 Jahren, wenn in einer Szene die Physik nicht stimmt», fährt Hutmacher fort. «Deshalb wird jeder sofort merken, dass Frau Engelke durch eine Spielzeuglandschaft trampelt und nicht durch Berlin.»

«Wieso das, ist doch eigentlich nur eine Frage des Maßstabs», wendet Buchstein ein.

«Eben nicht», widerspricht der Physiker. «Man kann physikalische Prozesse nicht einfach so hoch- und runterskalieren. Sieht ein Elefant aus wie eine vergrößerte Maus? Nein – und das liegt daran, dass im Großen andere Bedingungen herrschen als im Kleinen.»

«Und was heißt das für unseren Film?», will Buchstein wissen.

«Das betrifft vor allem die Proportionen», sagt Hutmacher. «Wenn die Frau im Film die zehnfache Größe einer gewöhnlichen Frau hat, wie viel schwerer ist sie dann?»

«Zehnmal so schwer?», rät Pomerenke.

«Eben nicht. Sie ist ja nicht nur zehnmal so hoch, sondern auch zehnmal so breit und zehnmal so tief – und das heißt, ihr Volumen und damit auch ihr Gewicht vertausendfacht sich!»

«Hätte ich nicht gedacht», räumt Pomerenke ein. «Aber was heißt das für Anke Engelke?»

«Das tausendfache Gewicht muss ja irgendwie von den Beinen getragen werden», sagt der Physiker. «Und wodurch wird die Tragfähigkeit der Beine bestimmt? Nicht durch das Volumen oder die Länge, sondern durch die Querschnittsfläche. Die ist aber zweidimensional, vergrößert sich bei dieser Skalierung nur um den Faktor 100 – es lastet also plötzlich die zehnfache Belastung auf den Beinen, und sie würden brechen wie Zahnstocher.»

«Wirklich zehn Mal so viel?», fragt Buchstein ungläubig.

«Wir können's ja mal ausrechnen», sagt Hutmacher. Er holt einen Block aus seiner Aktentasche und wirft mit ein paar geübten Strichen ein Bild der Frauenfigur vom Filmplakat aufs Papier.

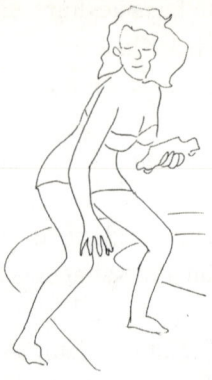

«So sieht die Figur einer normalen Frau aus», sagt er. «Fast das gesamte Körpergewicht lastet auf den beiden Beinen, genauer gesagt: auf den Oberschenkelknochen – denn die Muskeln drum herum halten ja nichts. Wie dick sind die Knochen? Sagen wir mal: vier Zentimeter Durchmesser an der dünnsten Stelle. Das ergibt ... einen Querschnitt von je 13, zusammen 26 Quadratzentimeter.»

Die beiden Fernsehleute schauen sich an – sie staunen nicht nur über die Rechenkünste des Forschers, sondern auch über die leichte Hand, mit der er kurvige Frauen zeichnen kann.

«Wenn wir nun die Figur mit dem Faktor 10 skalieren, sodass sie tausendmal so schwer wird», fährt Hutmacher fort, der jetzt ganz in seinem Element ist, «und weiterhin annehmen, dass die strukturelle Belastung der Knochen nicht größer werden soll, dann müssen die beiden Knochen jeweils einen Querschnitt von 13 000 Quadratzentimetern haben – und das entspricht einem Kreis mit einem Durchmesser von ... Moment ... 1,30 Meter! Und das ist nur der Knochen. Wenn man davon ausgeht, dass die Muskeln ja ebenso wachsen müssen, dann käme man auf einen Oberschenkeldurchmesser von etwa sechs Metern.»

Der Physiker nimmt ein neues Blatt Papier und zeichnet eine plumpe Figur mit gewaltig dicken Beinen.

«So sähe das etwa aus – das erinnert schon sehr an die Saurier in *Jurassic Park*, nur dass die Beine nochmal viel stärker sein müssen!»

Buchstein und Pomerenke schauen verdutzt auf die Zeichnung.

«Also die Anke hat ja schon ein paar dicke Frauen gespielt», sagt Buchstein dann, «aber so will sie bestimmt nicht durch die Kulissen stapfen!»

«Ja, und die Szene mit dem hochfliegenden Rock möchte ich mir bei diesem Monster auch nicht vorstellen», ergänzt Pomerenke verärgert. «Also ich kann dazu nur sagen: Physikalisch korrekt kann ich das Drehbuch nicht liefern! Das musste der Autor von *King Kong* nicht, und Jonathan Swift hat bei *Gullivers Reisen* auch kein wissenschaftlicher Berater reingeredet.»

Er sammelt seine Manuskriptblätter zusammen und zieht die Jacke an. «Also dann, Markus», sagt er mit leicht verbitterter Stimme zu Buchstein, «überleg dir einfach, ob wir hier leichte Unterhaltung machen wollen oder eine Physik-Doku! Und dann telefonieren wir nochmal.»

Und schon hat der Drehbuchautor grußlos das Café verlassen.

«Noch einen Cappuccino!», ruft Buchstein der Kellnerin zu, dann wendet er sich an seinen verbliebenen Gesprächspartner: «Sie müssen entschuldigen, der Jürgen ist manchmal ein bisschen empfindlich. Was halten Sie eigentlich von Stanley Kubrick?»

Von großen und kleinen Tieren

Stellen Sie sich vor, über Nacht würden sich alle Längenausdehnungen im Universum schlagartig verdoppeln: Sie würden doppelt so groß, aber auch alle anderen Menschen und die Erde, auf der wir leben, die Entfernung der Erde zur Sonne würde sich ebenso verdoppeln wie die Dimensionen von Sternen und Galaxien. Würde man das merken?

Natürlich muss man dabei annehmen, dass die Naturgesetze alle dieselben bleiben. Sonst würde die Frage auch eigentlich keinen Sinn ergeben – eine Welt, in der alles sich verdoppelt, aber die Gesetze sich just so anpassen, das alles so ist wie vorher, ist keine andere Welt, jedenfalls nach keinem Kriterium, das wir an sie anlegen können.

Fangen wir an mit dem Messen von Längen: Da würden Sie keinen Unterschied bemerken. Ein Objekt, das vorher 1 Meter lang war, würde immer noch 1 Meter lang erscheinen – alle Maßbänder sind ja mitgewachsen. Die Lichtgeschwindigkeit hätte sich glatt halbiert, aber die spielt in unserem normalen Leben keine sehr große Rolle.

Verändert hätten sich aber Größen, die mit der zweiten oder dritten Potenz der Längenausdehnung wachsen. Schauen wir uns dazu einen Würfel an, dessen Dimensionen wir verdoppeln beziehungsweise verdreifachen:

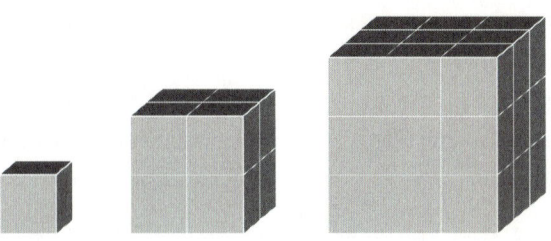

Wie haben sich die Längen, die Oberfläche und das Volumen des Würfels verändert? Dazu eine kleine Tabelle:

	Würfel 1	Würfel 2	Würfel 3
Kantenlänge	1	2	3
Oberfläche	6	24	54
Volumen	1	8	27

In unserer «verdoppelten» Welt nehmen also alle Gegenstände achtmal so viel Raum ein, nicht nur zweimal so viel! Und da die Masse vom Volumen abhängt, verachtfacht sie sich ebenfalls.

Wiegt also jeder Gegenstand auf der Erde achtmal so viel wie vorher? Es kommt noch schlimmer: Auch die Masse der Erde hat sich ja verachtfacht, sie zieht kräftiger an allen Gegenständen. Gleichzeitig sind wir zwar doppelt so weit vom Erdmittelpunkt entfernt, aber da die Erdanziehungskraft proportional zum Quadrat der Entfernung ist, bleibt immer noch eine doppelt so große Anziehung übrig. Eine achtmal so große Masse erfährt also die 16-fache Kraft!

Die Rechnung dazu: Die Kraft, die auf dieselbe Masse im Schwerefeld eines Planeten wirkt, ist proportional zur Masse des Planeten und umgekehrt proportional zum Quadrat der Entfernung. Also

$$F \sim \frac{M}{r^2}$$

Wenn nun die neue Masse $M' = 8 \cdot M$ ist und der neue Radius $r' = 2 \cdot r$, dann ist

$$F' \sim \frac{M'}{r'^2} = \frac{8 \cdot M}{(2 \cdot r)^2} = \frac{8 \cdot M}{4 \cdot r^2} = 2 \cdot \frac{M}{r^2}$$

Stellen wir uns eine Hängebrücke vor, eine elegante Konstruktion, deren Gewicht von vier Stahlseilen mit je 10 Zentimeter Durchmesser gehalten wird. Die verdoppelte Brücke hat dann die 16-fache Gewichtskraft, und die zerrt an vier Seilen mit je 20 Zentimeter Durchmesser. Die Stärke eines Seils hängt aber von dessen Querschnittsfläche ab – und die hat sich nur vervierfacht. Also ist die Belastung der Seile viermal so groß, und wenn die Brücke vom Architekten nicht mit einer großen Sicherheitmarge gebaut worden ist, wird sie umgehend zusammenfallen.

Wir wachen also in einer Welt auf, die in Schutt und Asche liegt, weil die meisten Gebäude eingestürzt sind. Auch Bäume können nicht mehr aufrecht stehen. Flugzeuge fallen vom Himmel, weil die Auftriebskraft zwar mit der Fläche der Tragflächen wächst, aber ihr Gewicht sich auch versechzehnfacht hat.

Und auch wir selbst werden uns kaum noch auf den Beinen halten können. Ein 75-Kilo-Mann wiegt jetzt 1,2 Tonnen, und dieses Gewicht können seine viel zu dünnen Beine nicht halten. Das Gleiche gilt für die Tiere – sie sind alle zu schwach gebaut und können sich nicht mehr fortbewegen. Und selbst im Liegen wären sie wohl kaum überlebensfähig, die inneren Organe wären für die neuen Dimensionen nicht geschaffen. Wir würden also nicht nur merken, dass unsere Welt sich über Nacht «verdoppelt» hat – wir würden diese Verdoppelung kaum überleben.

Geschichten von Riesen und Zwergen gibt es in fast allen Kulturen, und meistens sind diese Wesen einfach maßstabsgerechte Vergrößerungen oder Verkleinerungen von Menschen – die Physik bleibt unberücksichtigt. Jonathan Swifts Held Gulliver reist einmal ins Land Liliput, in dem alles im Maßstab 1 : 12 verkleinert ist, und später besucht er das Land Brobdingnag, wo alles zwölfmal so groß ist wie bei uns (der Maßstab kommt daher, weil jeweils ein Zoll in der kleinen Welt einem Fuß in der großen Welt entspricht). Dass solche Skalierungen nicht gutgehen können, hatte aber schon Jahrhunderte vorher Galileo Galilei erkannt. Zum Beispiel stellte er fest, dass ein kleiner Hund gut und gern zwei seiner Artgenossen auf dem Rücken tragen könnte, ein Pferd aber niemals ein anderes Pferd. Eine Ameise dagegen kann sogar das 50-Fache ihres Körpergewichts tragen, ohne davon zerquetscht zu werden!

Die Unterschiede zwischen kleinen und großen Tieren beschränken sich aber nicht nur auf die Statur. Zum Beispiel wird das Pferd einen Fall aus dem ersten Stock nicht überleben, der Hund wahrscheinlich schon. Die meisten Katzen überleben Stürze aus den oberen Etagen von Hochhäusern – und das nicht nur, weil sie sich in der Luft geschickt drehen können, sodass sie immer auf die Füße fallen. Eine Maus kann man auch aus einem Flugzeug abwerfen, ohne dass sie am Boden zerschellt. Das liegt vor allem daran, dass leichtere Körper beim freien Fall in der Atmosphäre eine geringere Grenzgeschwindigkeit erreichen, bei der der Luftwiderstand die Fallbeschleunigung ausgleicht (siehe Kapitel 2).

Die Liliputaner könnten also vom Dach ihrer Häuser auf den

Boden springen, ohne sich zu verletzen. Dafür hätten sie aber ein anderes Handicap: Wie die Tabelle mit den Würfeln zeigt, wird die Oberfläche in Relation zum Volumen immer größer, je kleiner der Würfel wird, und das gilt natürlich auch für die Körper von Tieren und Menschen. Säugetiere haben eine konstante Körpertemperatur, sie sind wärmer als ihre Umgebung, und deshalb strahlen sie über ihre Körperoberfläche ständig Wärme ab. Kleinere Wesen mit ihrer relativ größeren Oberfläche kühlen schneller aus – ein Grund dafür, dass Frauen schneller frieren als Männer. Die Liliputaner müssten einen erheblich intensiveren Stoffwechsel haben als normale Menschen, um ihre Körpertemperatur zu halten, und deshalb müssten sie ständig essen, täglich etwa eine Menge, die ihrem eigenen Körpergewicht entspricht! In kalten Gegenden der Welt gibt es keine kleinen Säugetiere, das kleinste Säugetier überhaupt ist die Spitzmaus, darunter ist die Sache einfach nicht mehr effektiv. Alle kleineren Tiere sind wechselwarm, das heißt, ihre Temperatur ist etwa dieselbe wie die ihrer Umgebung.

Ich habe eine Tabelle gefunden, in der der Stoffwechsel eines Stiers mit dem von 300 Kaninchen verglichen wird, die zusammen etwa dieselbe Masse haben. Während der Stier täglich 7,5 Kilo Nahrung zu sich nimmt, fressen die Kaninchen etwa 30 Kilo und verbrennen entsprechend viele Kalorien. Um einen derart intensiven Metabolismus in Schwung zu halten, müssen die Herzen der kleineren Tiere schneller schlagen. Ein Walherz schlägt etwa 15-mal pro Minute, ein Menschenherz 70-mal und ein Spitzmausherz fast 1000-mal. Und das spiegelt sich auch in der Lebensdauer wider: Die kleinen Tiere sterben früher. Jedes Säugetier scheint eine Lebensspanne von ein bis zwei Milliarden Herzschlägen zu haben.

Man kann sowohl die Herzschlagrate als auch die Energieerzeugung von Tieren in einen Zusammenhang mit ihrer Größe bringen und erhält einen erstaunlich gesetzmäßigen Zusammenhang:

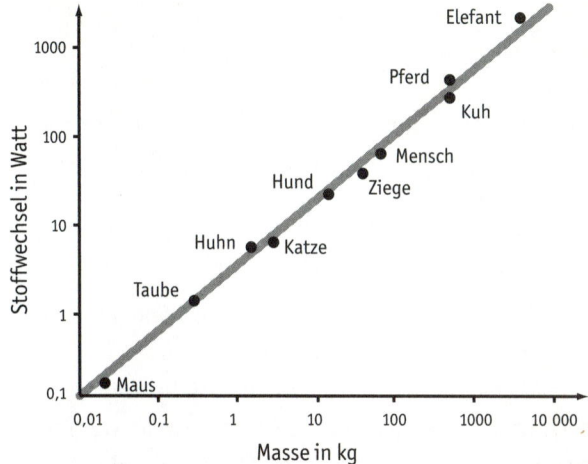

Wie lässt sich dieser Zusammenhang beschreiben, und wie lässt er sich erklären? Im 19. Jahrhundert versuchte sich der deutsche Forscher Max Rubner daran. Er konzentrierte sich auf den Wärmeverlust über die Oberfläche. Die wächst ja mit der zweiten Potenz der Länge, während die Masse mit der dritten Potenz wächst.

Wenn L die Länge eines Tieres ist, m die Masse, O die Oberfläche und I die Energie, die ein Tier produziert, dann sollte nach Rubner gelten:

$$I \sim O \sim L^2$$
$$m \sim L^3$$

Das Schlangenzeichen bedeutet «proportional», also gleich bis auf einen konstanten Faktor. Wenn man I nur abhängig von der Masse darstellen will, dann gilt:

$$I \sim L^2 \sim (L^3)^{\frac{2}{3}} \sim m^{\frac{2}{3}}$$

Das bedeutet: Die Energieproduktion eines Tieres wächst nicht proportional zur Masse, sondern langsamer – eben mit diesem Exponenten 2/3.

Eine schöne Erklärung – aber leider stimmt sie nicht mit den Beobachtungen überein. Der Schweizer Biologe Max Kleiber machte in den dreißiger Jahren des vergangenen Jahrhunderts ausführliche Messungen und kam zu dem Schluss, dass der entsprechende Exponent nicht 2/3 beträgt, sondern 3/4. Die Energieproduktion wächst also nicht mit der Körperoberfläche, sondern ein bisschen schneller.

Und woran liegt das? Diese Frage konnte erst 1997 beantwortet werden, und zwar durch eine Forschergruppe um den Physiker Geoffrey West vom Los Alamos National Laboratory in den USA. Die Hypothese der Wissenschaftler: Der Energiebedarf wird nicht durch den Wärmeverlust an der Körperoberfläche bestimmt, sondern durch den Aufwand, über die Gefäßsysteme den gesamten Körper mit Nährstoffen zu versorgen. Die Skalierung solch vernetzter Systeme zu berechnen ist kompliziert – sie werden nicht einfach maßstabsgerecht vergrößert, die kleinsten Gefäße sind bei einem Elefanten nicht größer als bei einer Maus. Und so kommt es zu diesem «krummen» Exponenten, der zwischen der Skalierung der Oberfläche und der der Masse liegt. Inzwischen hat sich gezeigt, dass dieses «3/4-Gesetz» nicht nur für Säugetiere gilt, sondern für alle Lebewesen. Eine wahrhaft universelle Regel!

Die schlimmsten Kino-Physik-Fehler

Knall im All

In Science-Fiction-Filmen wird viel geballert – aber im leeren Weltraum hört man keine Geräusche. Denn Schall braucht, im Gegensatz zu Licht, ein Trägermedium. Und auch die Erschütterungen, die man an Bord eines Raumschiffs spürt, wenn in der Nähe ein Kleinplanet explodiert, sind unrealistisch, denn Druckwellen brauchen ebenfalls ein solches Medium.

Das umfallende Schussopfer

Wenn Menschen angeschossen werden, dann fliegen sie im Film oft regelrecht durch die Luft – sie stürzen von Balkonen oder fallen in Schaufensterscheiben. Aber nach Newtons Prinzip von Aktion und Reaktion ist die Wucht eines Schusses nicht größer als der Rückstoß, den der Schütze empfindet. Und der fällt auch nicht rückwärts um.

Das explodierende Auto

Wenn bei der Verfolgungsjagd auf bergiger Strecke das Auto der Bösen die Leitplanke durchbricht und einen Abhang hinunterstürzt, dann geht es meist in Flammen auf und explodiert in einem Feuerball. Aber erstens wird es in den wenigsten Fällen zu einem Brand kommen, und zweitens explodieren brennende Autos nicht. Dieser Mythos hat schon viele Menschen davon abgehalten, sich einem brennenden Auto zu nähern und den eingeklemmten Insassen zu helfen.

Die Zigarette in der Benzinlache

Noch ein Mythos, der meist bei Autounfällen eingesetzt wird: Es läuft Benzin aus, und eine unachtsam weggeworfene Zigarette führt zu einer schrecklichen Explosion. Tatsächlich aber ist es sehr schwer, eine Benzinlache zum Brennen zu bringen – die Glut einer Zigarette schafft es nicht.

Schalldämpfer machen «plopp»

Schüsse sind laut, und dafür gibt es gleich drei Lärmquellen: die Entzündung der Sprengladung, die aus dem Lauf austretende komprimierte Luft und eventuell noch der Überschallknall des Projektils. Nur gegen die zweite Quelle kann der Schalldämpfer etwas ausrichten, und der Knall wird keinesfalls so leise wie im Film. Der Hauptzweck von Schalldämpfern ist auch nicht die Vertuschung von Verbrechen, sie sollen vielmehr die Ohren der Schützen schützen.

Sichtbare Laserstrahlen

Wenn futuristische Weltraumkämpfe toben oder aber auch der Tresorraum einer Bank mit High-Tech-Sicherheitssystemen geschützt ist, dann sieht man oft ein Gewirr von roten oder grünen Laserstrahlen. Aber Lichtstrahlen kann man nicht von der Seite sehen – das gilt für Laserstrahlen genauso wie für gewöhnliches Licht. Sichtbar werden sie erst dann, wenn sie an Partikeln gestreut werden, also wenn Nebel oder Rauch in ihrer Bahn liegt.

5 Wurstphysik

oder

Warum Wiener immer längs aufplatzen

Es ist ein ruhiger Freitagabend an «Wolfgangs Wurstwagen». Wie immer steht der Verkaufsstand an einer Straßenecke im Hamburger Schanzenviertel, aber jetzt, um neun Uhr abends, sind die Straßen noch leer. Das wird sich ändern, wenn es auf Mitternacht zugeht und die Szenegänger sich in die Clubs und Kneipen der Gegend aufmachen. Und zwischendurch die eine oder andere Wurst bei Wolfgang einschieben.

Dass Wolfgang ein Wurstverkäufer ist, der etwas auf seine Bildung hält, sieht man schon am Schild: kein Apostroph hinter dem Namen, so viel korrekte Rechtschreibung muss sein. Wolfgang hat tatsächlich einmal Physik studiert, dann aber in den Wirren der späten achtziger Jahre das Examen irgendwie aus den Augen verloren. Da hatte man ja auch allerlei Ablenkung, besonders durch den Kampf um die Häuser in der Hafenstraße. Der Kampf ist Geschichte, mehr oder weniger gewonnen, aber das mit dem Examen ist dann nichts mehr geworden. Und dann gab es um zwei Ecken rum plötzlich die Gelegenheit, den Wurststand zu kaufen.

Ein paar Mal hat Wolfgang versucht, seine Physikkenntnisse in seine Gastronomie einzubringen. Zum Beispiel in jedes Ende eines Würstchens einen Draht gesteckt und dann 220 Volt aus der Steckdose durchgejagt. Die wurden daraufhin innen schön heiß, gerade richtig, und waren außen gerade so warm, dass man sie noch gut mit den Fingern anfassen konnte. Aber einige Kunden fanden die

Prozedur doch befremdlich, es erinnerte sie an einen elektrischen Stuhl, und sie wollten keine Wurst in den Mund schieben, durch die gerade noch Strom geflossen war. Seitdem ist Wolfgangs Wurstbude eine wie jede andere – wenn man vom fehlenden Apostroph absieht.

Jetzt nähert sich doch schon ein Kunde dem Stand. Die Konversation der beiden Männer ist denkbar knapp: «'n Abend.» – «'n Abend!» – «Das Übliche?» – «Klar!»

Mit Jens muss Wolfgang nicht viele Worte machen. Der ist seit 15 Jahren Kunde, vor fünf Jahren ist er von Currywurst auf Wiener umgestiegen – das war die einzige wesentliche Veränderung in der Beziehung der beiden Männer. Ansonsten hat sich für Jens einiges verändert in dieser Zeit: In der Werbeagentur ist er zum Creative Director (oder so ähnlich) aufgestiegen, die Wohnung, die er mal als Student gemietet hat, gehört ihm nun. Aber seine Wurst isst er immer noch mindestens einmal pro Woche bei Wolfgang.

Auf die Sache mit den Wiener Würstchen hatte ihn Wolfgang gebracht. «Wieso musst du dir die Wurst eigentlich immer mit dieser roten Pampe zukleistern?», hat Wolfgang eines Abends gefragt. «Da schmeckt man doch nix mehr! Die Leute denken immer, Würste sind was Primitives und schmecken alle gleich – aber weit gefehlt, da gibt es riesige Unterschiede. Und die schmeckt man am besten, wenn man sie in reiner Form isst, nur mit einem Klacks Senf!»

Seitdem isst Jens also die Brühwürstchen, die überall Wiener genannt werden, außer in Wien, wo sie Frankfurter heißen.

Jens nimmt einen Schluck aus seiner Astra-Bierflasche, die Wolfgang ihm wortlos hingestellt hat, und beißt herzhaft in das knackige Würstchen. «Hmmm!» Noch bevor er den Bissen heruntergeschluckt hat, muss er den köstlichen Geschmack der Wurst kommentieren.

Eine Weile kaut und genießt Jens wortlos, während er sich umschaut – von der Straßenecke aus hat er einen guten Blick auf die Szenecafés. Allerdings gibt es dort noch nicht viel zu sehen. Als er aufgegessen hat, fragt er den Standbesitzer: «Sag mal, Wolfgang – was ist eigentlich das Geheimnis deiner leckeren Würstchen? Ich gebe ja gern zu, dass ich schon öfters versucht habe, das zu Hause nachzumachen.»

«Und, wie hast du das gemacht?», fragt Wolfgang.

«Na ja, ich habe mir bei einem Metzger, der wirklich für seine Qualität bekannt ist, ein paar Würstchen gekauft, habe zu Hause eines in einen Topf mit Wasser gelegt und dann gekocht.»

Wolfgang lacht. «Da stecken ja schon gleich ein paar Fehler drin. Also: Zunächst mal ist es gut, dass du auf Qualität achtest, denn die Würste mögen alle gleich aussehen, aber ihr Inhalt unterscheidet sich gewaltig. Eine echte Wiener Wurst zum Beispiel enthält Schweine- und Rindfleisch, und ein guter Metzger hält sich daran. Aber selbst eine gute Wurst wird wahrscheinlich fad schmecken, wenn du sie so zubereitest.»

«Wieso? Kann man beim Wurstkochen denn was falsch machen?» Jens, Junggeselle aus Passion, war eigentlich davon ausgegangen, dass die Zubereitung einer Wurst nicht schwieriger sei als das Kochen von heißem Wasser.

«Weil du sie im Wasser auslaugst. Schau dir mal mein Würstchenwasser an, was stellst du fest?», fragt Wolfgang.

«Hm, ziemlich trübe Brühe», antwortet Jens, «die solltest du vielleicht mal wieder auswechseln!»

«Ganz falsch», triumphiert Wolfgang, «denn die Brühe sorgt dafür, dass der Geschmack drinbleibt – auf die Hygiene muss man natürlich trotzdem achten. Wenn du zu Hause eine Wurst ins Wasser wirfst, dann gibt die zunächst mal eine Menge Salze, Fett und andere Geschmacksstoffe an das Wasser ab. Die Wurstpelle ist nämlich nicht komplett dicht, sondern eine Membran, die durchaus Geschmacksmoleküle durchlässt. Mal was von Osmose gehört?»

Da blitzt wieder der Naturwissenschaftler auf, der Wolfgang einmal werden wollte. Als er den etwas verständnislosen Blick seines Werber-Freundes sieht, fährt er fort: «Osmose heißt: Die Konzentration zum Beispiel von Salzen ist bestrebt, sich innerhalb und außerhalb der Membran auszugleichen. In dieser Brühe hier habe ich heute schon den ganzen Tag über Würstchen warm gemacht, die haben eine Menge dieser Stoffe an das Wasser abgegeben. Und die Folge ist: Die Brühe ist gesättigt mit den entsprechenden Stoffen, die Würstchen laugen nicht mehr aus und behalten ihren Geschmack.»

«Das heißt also, ich muss immer gleich zehn Würstchen kochen, wenn ich eines essen will?», fragt Jens.

«Nein, es gibt da einen Trick: Mein Physikerkollege ... also der Physikprofessor Werner Gruber aus Wien, der auch ein begnadeter Koch ist, nennt das die ‹Opferwurst›: Du schneidest eine Wurst in kleine Stücke und lässt sie in deinem Wurstwasser gut durchkochen, bevor du dann die Wurst dazugibst, die du essen willst. So bleibt der Geschmack drin.»

«Und die Opferwurst schmeiße ich nachher weg?», fragt Jens ungläubig.

«Allerdings», sagt Wolfgang, «Qualität hat eben ihren Preis. Du kannst die ausgelaugten Reste aber auch noch gut an den Hund oder die Katze verfüttern.»

Es hat angefangen zu nieseln, Jens drängt sich unter dem Vordach noch enger an die Theke des Wurststands. Nachdem er einen weiteren tiefen Schluck aus der handlichen Bierflasche genommen hat, stellt er eine weitere Frage: «Gut, das mit dem Geschmack hätten wir. Aber jetzt möchte ich noch etwas wissen.»

«Du willst mir wohl all meine Geheimnisse entlocken – und nachher habe ich einen Kunden weniger?», fragt Wolfgang misstrauisch.

«Quatsch – ich komme doch nicht wegen der puren Nahrungsaufnahme her», sagt Jens. Ein fast schon intimer Moment zwischen den beiden Männern, den der Werber aber sofort wieder versachlicht. «Mein Problem: Mindestens die Hälfte der Würste platzt bei mir auf.»

«Das dachte ich mir schon, als du von ‹Kochen› geredet hast. Wahrscheinlich drehst du den Herd auf, bis das Wasser sprudelt?»

«Klar», sagt Jens, «die sollen ja schön heiß sein.»

«Heiß ja – aber das Wasser darf nicht kochen», belehrt ihn Wolfgang. «Das ist recht elementare Physik: Bei 100 Grad kocht nicht nur das Wasser, das im Topf ist, sondern auch das Wasser, das in der Wurstfüllung enthalten ist. Und wenn sich Wasser in Wasserdampf verwandelt, dehnt es sich gewaltig aus, es entsteht ein Würstchen-Innendruck, dem die Pelle irgendwann nicht mehr standhält, und die Wurst platzt. Die optimale Temperatur fürs Würstchenerhitzen liegt bei 90 Grad – am besten lässt du das Wasser aufkochen, nimmst es vom Herd und gibst dann erst die Wurst hinein.»

«Hm, klingt eigentlich ganz logisch», sagt Jens. «Und um das zu verstehen, musstest du zehn Semester Physik studieren?»

«Nee, dafür nicht», lacht Wolfgang. «Das ist einfach gesunder Menschenverstand. Aber für eine andere Frage braucht man tatsächlich ein bisschen Physik. Wie platzen denn deine Würste auf?»

«Was meinst du damit – wie platzen sie auf? Mit einem Knall oder was? Nee, es gibt einfach einen Riss.» Jens ahnt offenbar nicht, worauf Wolfgang hinauswill.

«Nein, ich meine: in welcher Richtung? Längs oder quer?»

«Längs natürlich», sagt Jens. «Wie denn sonst? Also ich habe noch keine Wurst gesehen, bei der der Riss quer zur Wurstrichtung verlaufen wäre und sie sozusagen in zwei Teile zerlegt hätte. Außer man biegt sie – dann platzt sie natürlich quer.»

«Genau», bestätigt Wolfgang, «wenn die Wurst zu heiß wird, platzt sie längs, nicht quer. Eigentlich seltsam, weil doch der Druck in der Wurst überall gleich ist und keine Richtung hat. Es gibt aber den physikalischen Begriff der Spannung, und die ...»

Während der letzten Sätze hat Wolfgang gemerkt, dass Jens' Aufmerksamkeit nachgelassen hat, auch hat er mehrmals den Kopf gedreht – offenbar gab es da Interessanteres zu sehen. «Du», sagt Jens nun, «das mit der Spannung erklärst du mir das nächste Mal, okay? Ich muss jetzt wirklich mal los ...»

«Alles klar», seufzt Wolfgang. «Macht vier Euro fünfzig.»

Jens legt einen 5-Euro-Schein auf die Theke. «Stimmt so – und bis zum nächsten Mal, ich kann deine Erklärung kaum abwarten!»

Spricht's und verschwindet in der Nacht.

Eine spannende Sache

Ich hoffe, Sie sind weniger abgelenkt als Wolfgang und haben ein paar Minuten Zeit, der Frage nachzugehen, warum die Wurst der Länge nach platzt.

Zunächst einmal ist es ja tatsächlich so, dass der Druck sich gleichmäßig in der Wurst verteilt. Wird die Wurst erhitzt, steigt der Innendruck an, insbesondere wenn sich flüssige Anteile der Füllung in Gas verwandeln. Die wollen sich dann ausdehnen, und die Pelle hindert sie daran.

Aber die Pelle wird eben nicht überall gleich beansprucht. Um das zu verstehen, müssen wir uns mit dem physikalischen Begriff der Spannung beschäftigen. Diese Spannung wird in der gleichen Einheit gemessen wie der Druck, nämlich in Kraft pro Flächeneinheit, aber während der Druck auf die Fläche der Wurstpelle wirkt, wirkt die Spannung auf ihren Querschnitt. Zum Beispiel reißt ja eine dünne Pelle bei gleichem Druck schneller – eben weil ihr Querschnitt dünner ist und daher mehr Spannung auf das ansonsten gleiche Material wirkt.

Wäre die Wurst eine Kugel, dann wäre die Spannung tatsächlich überall dieselbe – eine Kugel hat keine besonders ausgezeichneten Punkte an der Oberfläche. Um die Spannung in der Wurst zu berechnen, vereinfachen wir sie zunächst einmal – wir biegen sie gerade, sodass sie zu einem Zylinder mit halbkugelförmigen Enden wird. Und die Enden vernachlässigen wir, uns interessiert nur die Spannung in dem zylinderförmigen Teil. So sieht dann unsere Wurst aus:

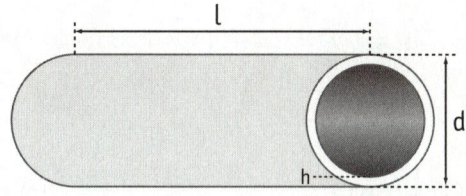

Sie hat eine Länge l, einen Durchmesser d, und die Pelle hat eine Dicke von h. Wundern Sie sich nicht, dass wir in die Wurst hineinsehen können – das dient nur der Verdeutlichung, in Wirklichkeit ist sie natürlich geschlossen.

Wird die Wurst nun erhitzt, steigt der Innendruck p. Der sorgt dafür, dass Kräfte in alle Richtungen wirken, und zwar stets dieselbe Kraft pro Flächeneinheit.

Als Erstes interessiert uns die Spannung, die in der Längsrichtung der Wurst wirkt, sie sozusagen auseinanderzieht. Dazu betrachten wir den Querschnitt der Wurst an einer beliebigen Stelle.

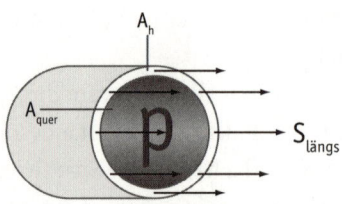

Die Kraft in der Längsrichtung ist der Druck mal der Querschnittsfläche:

$$F_{\text{längs}} = p \cdot A_{\text{quer}}$$

Die Fläche wiederum berechnet sich aus der Kreisformel:

$$A_{\text{quer}} = \pi \cdot \left(\frac{d}{2}\right)^2$$

Diese Kraft F zieht nun an der Wurstpelle, also dem dunkelgrauen Kreis in der Zeichnung. Dessen Fläche könnte man exakt berechnen, aber weil die Pelle im Vergleich zum Wurstdurchmesser ziemlich klein ist, vereinfachen wir die Formel und multiplizieren die Pellendicke mit dem Umfang der Wurstfüllung:

$$A_h \approx \pi \cdot d \cdot h$$

(Das gewellte Gleichheitszeichen bedeutet «ist ungefähr» – die Physiker verwenden es oft, wenn sie sich die Mühe des ganz exakten Rechnens sparen wollen!)

Die Spannung ist nun die Kraft geteilt durch die Pellenquerschnittsfläche:

$$S_{längs} = \frac{F_{längs}}{A_h} = \frac{p \cdot \pi \cdot \frac{d^2}{4}}{\pi \cdot d \cdot h} = \frac{p \cdot d}{4 \cdot h}$$

Welche Kraft zerrt nun in Querrichtung an der Pelle? Dazu schneiden wir in Gedanken die Wurst der Länge nach auf.

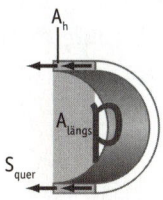

Wieder geht es darum, die Kraft zu berechnen, die auf die Querschnittsfläche wirkt:

$$F_{quer} = p \cdot A_{längs}$$

Die Flächen sind diesmal einfacher zu berechnen:

$$A_{längs} = d \cdot l$$
$$A_h = 2 \cdot h \cdot l$$

Wieder wird die gesamte Kraft auf der winzigen Querschnittsfläche der Wurstpelle abgeladen:

$$S_{quer} = \frac{F_{quer}}{A_h} = \frac{p \cdot d \cdot l}{2 \cdot h \cdot l} = \frac{p \cdot d}{2 \cdot h}$$

Was kann man aus diesen beiden Gleichungen herauslesen?

- Die Wurstlänge l kommt nicht vor – es ist für die Spannung also nicht wichtig, wie lang die Wurst ist!
- Je größer der Innendruck und der Wurstdurchmesser, umso höher die Spannung.
- Die Spannung in Längsrichtung hat einen doppelt so großen Nenner wie die in Querrichtung, ist also nur halb so groß; es ist also

$$S_{quer} = 2 \cdot S_{längs}$$

Und das bedeutet: Quer zur Wurstrichtung zerrt der Innendruck doppelt so stark an der Pelle, und folglich reißt die Wurst in Längsrichtung leichter auf!

Jetzt sind Sie dran: Ein kräftiger Mann hält ein 2-Kilo-Telefonbuch an zwei Seilen, die senkrecht herunterhängen (siehe Zeichnung). Mit jedem Arm muss er eine Kraft von 10 Newton halten. Nun zieht er die Arme auseinander, bis das Seil waagerecht ist. Wie viel Kraft muss er mit jedem Arm aufwenden, um das Gewicht des Telefonbuchs zu halten?

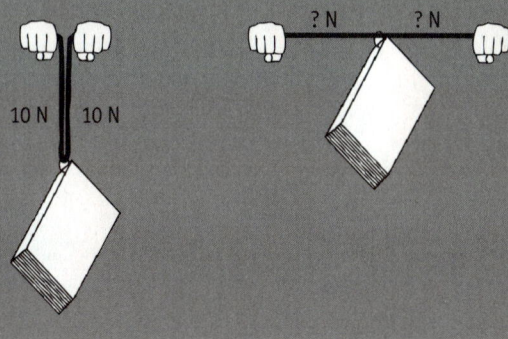

6 Auf dem Patentamt

oder

Energie aus dem Nichts

Zwei Männer sitzen im Warteraum des Deutschen Marken- und Patentamts in München. Der Raum hat so gar nicht das Ambiente, das man sich bei einem Amt vorstellt – es riecht nicht nach Akten, es ist hell, die Einrichtung ist modern, aber gemütlich, und es gibt sogar Topfpflanzen.

Die meisten der an der Wand aufgereihten Stühle sind leer – die Vorstellung, dass die Patentämter bevölkert sind mit verrückten Erfindern, die eine komplizierte Apparatur auf dem Schoß haben, ist wohl veraltet. Für gewöhnlich läuft die Kommunikation zwischen Antragsteller und Amt übers Internet.

Aber diese beiden Männer sind heute persönlich vorbeigekommen, um ihrem Antrag Nachdruck zu verleihen. Der eine ist etwa 65 Jahre alt, hat schütteres Haar und ist im Rentner-Standardlook gekleidet: khakifarbene Hose, khakifarbene Jacke, kariertes Hemd und Gesundheitsschuhe. Der andere Mann ist Mitte dreißig, trägt einen Businessanzug mit Krawatte und hat das volle Haar fesch nach hinten gegelt.

«Gestatten, mein Name ist Frerich, Firma Ultimate Energy», stellt sich der Jüngere vor.

«Angenehm, Meyerbeer», sagt der Ältere. «Eine Firma habe ich nicht, ich bin freischaffender Erfinder.»

«Und was wollen Sie patentieren lassen – oder ist die Frage zu intim?»

«Ach was, das ist für mich kein Problem. Reich werde ich damit sowieso nicht mehr», sagt Meyerbeer lächelnd. «Es ist eher so ein Hobby von mir. Ich beschäftige mich mit Magneten. Und bin zu dem Ergebnis gekommen, dass man Magnete benutzen kann, um Objekte ständig in Bewegung zu halten.»

«Oh, das kenne ich», sagt Frerich und grinst. *«Jim Knopf und Lukas der Lokomotivführer* – da gab es doch dieses Perpetumobil ...»

«Ja, da werde ich immer drauf angesprochen, sobald ich das Wort ‹Magnet› in den Mund nehme», antwortet Meyerbeer und lächelt ein wenig gequält. «Der Magnet, den man der Lokomotive Emma vor die Nase hielt und der sie dann immer weiter nach vorn zog. Aber das funktioniert nur mit Hunden, denen man einen Stock auf den Rücken bindet, sodass immer eine Wurst vor ihrer Nase baumelt. Und nur mit sehr dummen Hunden.»

Der Jüngere rückt ein bisschen näher. «Aber mit freier Energie hat es doch etwas zu tun, oder? Mit einem Perpetuum mobile?»

«Psst!» Meyerbeer schaut sich argwöhnisch um. «Das Wort sollte man hier unbedingt vermeiden! Haben Sie nicht das *Merkblatt für Patentanmelder* gelesen? Da wird unter ‹nicht patentfähige Erfindungen› ausdrücklich aufgelistet: ‹eine Maschine, die ohne Energiezufuhr Arbeit leisten soll – Perpetuum mobile›. Ich bin hier schon einmal wegen unvorsichtiger Formulierungen abgeblitzt.»

«Aber Sie glauben dran, oder?» Frerich ist jetzt sehr interessiert. «Zeigen Sie doch mal her!»

Der Ältere langt in seine Tasche und holt ein Modell aus Holz und Metall heraus. «Noch funktioniert es nicht, ich warte noch auf einen dieser Supermagnete, den ich in China bestellt habe. Aber das Prinzip ist klar.»

Meyerbeer stellt das Modell auf den Tisch und kramt aus seiner Hosentasche eine kleine Stahlkugel mit einem Durchmesser von etwa einem Zentimeter hervor.

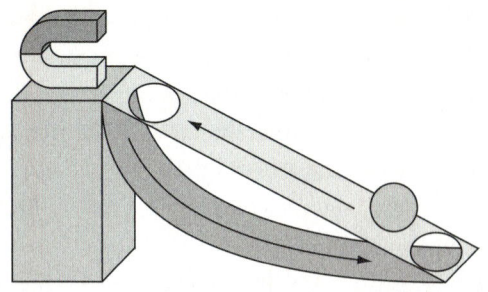

«Also, das hier ist eine schiefe Ebene. Oben auf das Podest kommt der superstarke Magnet. Er wird so stark sein, dass er die Kugel die schiefe Ebene emporziehen kann. Aber bevor sie den Magneten erreicht, fällt sie durch das Loch nach unten, rollt diese gebogene Bahn hinunter und erreicht wieder den Ausgangspunkt. Und dann geht der ganze Prozess von vorn los.»

«Ist der Magnet nicht so stark, dass er die Kugel glatt über das Loch hinwegreißt?», fragt Frerich skeptisch.

«Das glaube ich nicht – und wenn, dann mache ich das Loch eben größer!», sagt Meyerbeer selbstbewusst.

«Und wozu soll die Sache gut sein? Die Maschine leistet doch nichts.» Der junge Mann sieht offenbar in der Erfindung keine Marktidee.

«Es ist ja erst einmal eine Studie, ein *proof of concept*. Wenn das funktioniert, dann kann man das auch so modifizieren, dass viele Kugeln hintereinander die Rampe heraufrollen und dann beim Runterfallen ein Zahnrad antreiben – und schon hat man eine Maschine, die sich ständig dreht. Energie aus dem Nichts!»

«Hm, klingt gar nicht so schlecht», sagt Frerich. «Aber seien Sie vorsichtig, von wegen ‹Energie aus dem Nichts›, da sind die Patentbeamten regelrecht allergisch!»

«Danke für den Tipp, ich werd mich dran halten!», sagt der Ältere. «Und was haben Sie da in Ihrer Aktentasche?»

Aber bevor Frerich antworten kann, öffnet sich die Tür zum Büro der Sachbearbeiterin, und eine etwa 40-jährige Frau streckt den Kopf heraus. «Herr Meyerbeer, bitte!»

«Na gut, dann erzähle ich es Ihnen ein anderes Mal», sagt Frerich. «Erst einmal viel Glück!»

Eigentlich ist er froh, dass er dem kauzigen Rentner nichts von seiner Erfindung erzählen musste. Schließlich geht es um sein Geschäftsgeheimnis – die Grundlage für die Firma Ultimate Energy, mit der Frerich und seine zwei Mitgesellschafter sehr viel Geld zu verdienen gedenken. Die Welt hat ein Energieproblem – und die Maschine, deren Konstruktionspläne er in seiner Aktentasche hat, soll dieses Problem lösen helfen.

Frerich nimmt sich den Schnellhefter mit den Konstruktionszeichnungen vor und beginnt, seinen Kurzvortrag innerlich noch einmal abzuspulen. Dieser Termin hier wird alles entscheiden, da darf man nicht herumstammeln, da muss jeder Satz sitzen.

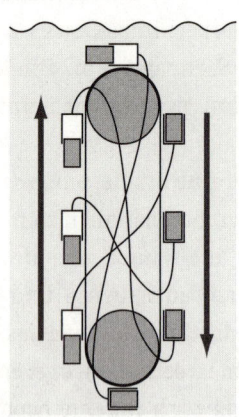

«Auf ein Transportband, das vertikal in einem Wasserbehälter läuft», murmelt Frerich vor sich hin, «ist eine gerade Anzahl von Zylindern montiert, die über einen praktisch reibungsfrei laufenden Kolben verfügen. Die Kolbenkammern der jeweils gegenüberliegenden Zylinder sind über einen Luftschlauch miteinander verbunden, und zusammen enthalten sie so viel Luft, dass einer der Kolben herausgezogen ist und der andere im Zylinder verschwindet.

In den Zylindern auf der rechten Seite drücken die Kolben nach unten und schieben die Luft in den jeweils gegenüberliegenden Zylinder links, dort zieht ja auch das Gewicht den Kolben herunter, sodass die Zylinderkammer maximal groß wird. Weil jeder Zylinder so viel Auftrieb erfährt wie das verdrängte Wasser wiegt, haben alle Zylinder auf der linken Seite der Konstruktion aufgrund des größeren Volumens mehr Auftrieb, und daher beginnt das Transportband, sich im Uhrzeigersinn zu drehen, und dreht sich ständig weiter ...»

In diesem Moment öffnet sich die Tür zum Patentbüro erneut, und Meyerbeer tritt heraus. An seiner Miene kann Frerich ablesen, dass es nicht gut gelaufen ist. «Na, kein Glück gehabt?»

«Nee, das war wieder mal nichts. Als ich auch nur die Worte ‹ohne äußere Energiezufuhr› ausgesprochen hatte, sagte die Sachbearbeiterin gleich was vom ‹zweiten Hauptsatz der Thermodynamik› und dass meine Maschine gegen die Naturgesetze verstoßen würde. Ohne sie überhaupt auszuprobieren!»

«Aber Sie haben sie auch noch nicht zum Laufen bekommen?», fragt Frerich skeptisch.

«Ich warte ja auch noch auf meine chinesischen Supermagnete», antwortet Meyerbeer. Ein bisschen beleidigt ist er schon, er fühlt sich nicht ernst genommen und als lästiger Kauz abgestempelt.

«Fürs nächste Mal gebe ich Ihnen einen Tipp», sagt der dynamische Jungunternehmer und zieht einen Zettel aus seiner Mappe.

«Preisen Sie Ihre Maschine gar nicht erst als Gerät zur Energieerzeugung an – schauen Sie mal hier!»

Interessiert liest Meyerbeer in Frerichs Patentantrag: «‹Unterhaltungsgerät, das Jung und Alt ins Staunen versetzt.› Aber mit Energie hat das doch sicherlich auch was zu tun, oder? Und wo sagen Sie was zu Ihrer Energiebilanz?»

«Die habe ich in den Fußnoten versteckt», sagt Frerich grinsend. «In der Beschreibung für diesen kleinen Schalter hier.»

Meyerbeer muss die Lesebrille aus der Tasche holen, um den kleingedruckten Text zu lesen, der die Funktion des Schalters beschreibt: «‹Mechanismus, um den Übergang der Maschine in dauernde Bewegung zu verhindern.› Also ein Schalter, der verhindert, dass das Perpetuum mobile ewig läuft?»

«Genau – also läuft die Maschine nicht ewig, widerspricht damit nicht den Bedingungen, und sie müssen mir das Patent geben!»

Und ehe der geknickte ältere Herr sich noch von ihm verabschieden kann, ist Frerich schon in der Tür des Büros verschwunden.

Der alte Traum von der ewigen Bewegung

Von einer Maschine, die ohne Energiezufuhr ständig Arbeit leistet, träumen die Menschen schon lange. Es begann mit dem indischen Autor Bhaskara, der um das Jahr 1100 die erste Maschine erfand, die angeblich ewig laufen könnte. Sie bestand aus beweglichen Hämmern, die an einem Rad aufgehängt sind und durch ihre Bewegung dafür sorgen, dass das Rad immer ein Übergewicht auf einer Seite hat und sich deshalb immer weiterdreht.

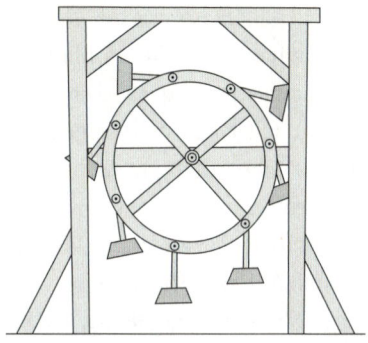

Eine Idee, die ganz verwandt ist mit dem Perpetuum mobile, das Herr Frerich in unserer Geschichte entwickelt hat. In den folgenden Jahrhunderten ergriff sie auch Europa und faszinierte selbst große Denker wie Leonardo da Vinci. Damals war die Physik noch nicht so weit, dass sie die Existenz solcher Maschinen ausschließen konnte. Aber auch nachdem im 19. Jahrhundert die Gesetze der Thermodynamik entdeckt worden waren und damit die Unmöglichkeit fast aller Konstruktionen von Perpetua mobilia (sagen wir ab jetzt kurz: PM) bewiesen worden war, riss die Flut der einschlägigen Erfindungen nicht ab. Gerade heute, wo die Menschheit händeringend nach einer sauberen Energieform sucht, die unseren Energiehunger befriedigt, ohne das Klima zu schädigen, sprießen die entsprechenden Websites ins Kraut, deren Verfasser behaupten, das Problem gelöst zu haben. Googeln Sie mal nach dem Stichwort «freie Energie»!

Die Patentämter haben tatsächlich Leitlinien, nach denen sie solche Konstruktionen gar nicht erst prüfen. Die PM-Konstrukteure fallen in dieselbe Kategorie wie die Kreisquadrierer, die ein mathematisches Problem, dessen Unlösbarkeit längst bewiesen ist, doch noch irgendwie gelöst haben wollen.

Aber bevor wir uns allgemein mit der Unmöglichkeit von PM beschäftigen, werfen wir einen näheren Blick auf die Maschinen, die von den beiden Erfindern in der Geschichte beim Patentamt vorgelegt wurden, zunächst auf den Magnetapparat von Herrn Meyerbeer. Der stammt eigentlich gar nicht von ihm, sondern ist schon viel älter: Beschrieben wurde er erstmals von dem englischen Bischof John Wilkins (1614–1672), einem Mitbegründer der Royal Society, in seinem Buch *Mathematical Magick, Or, The Wonders That May Be Performed By Mechanichal Geometry*. Wilkins schrieb, dieses PM sei 1562 von Johannes Taisnierus entwickelt worden, und er führte auch gleich eine Begründung an, warum es nicht funktionieren könne: Die Kraft des Magneten sei am oberen Ende so stark, dass die Kugel nicht durch das Loch fallen würde, sondern glatt drüber hinwegspränge und an dem Magneten haften bliebe.

So einfach lässt sich die Sache aber nicht abtun, Herr Meyerbeer ist ja schon auf das Argument eingegangen. Schauen wir auf die beteiligten Kräfte:

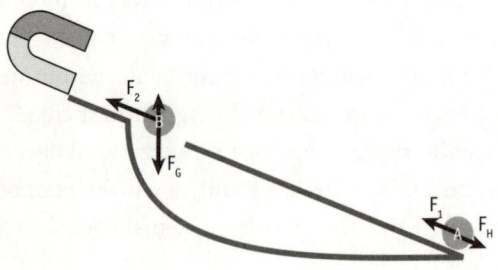

Auf der schiefen Ebene wirkt auf die Kugel eine konstante Hangabtriebskraft F_H (siehe Seite 35), die einen gewissen Bruchteil der Gewichtskraft F_G ausmacht, abhängig vom Winkel der schiefen Ebene. Am Fuß der Bahn wirkt auf die Kugel eine Magnetkraft F_1, die größer sein muss als F_H, damit die Kugel zu rollen beginnt. Die Magnetkraft wird immer stärker, je höher die Kugel kommt, sie beschleunigt also stark. Trotzdem ist es ganz gewiss möglich, einen Punkt zu finden, an dem die Gewichtskraft immer noch stärker ist als der vertikale Anteil der Magnetkraft, und die Lücke groß genug zu machen, dass die Kugel durchfällt. Sie rast dann die gebogene Rücklaufbahn hinunter und kommt auch unten an, man muss nur noch eine geeignete Konstruktion entwickeln, damit sie zurück zum Ausgangspunkt kommt – Herr Meyerbeers Lösung mit dem zweiten Loch ist da nicht ganz überzeugend. Aber das ist machbar. Und sobald die Kugel an der Ausgangsposition angekommen ist, beginnt das Spiel von vorn.

Wo liegt der Fehler? Um ihn erkennen zu können, zunächst ein paar Sätze über Energieerhaltung. Betrachten wir eine Kugel, die auf einer halbkreisförmigen Bahn hin und her rollt:

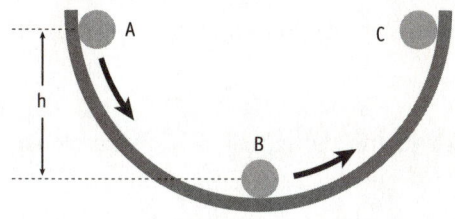

Zu Anfang wird die Kugel in der Position A gehalten, dann lässt man sie los, sie wird immer schneller, erreicht ihre maximale Geschwindigkeit im Punkt B, verlangsamt sich, bis sie am Punkt C zur Ruhe kommt, und rollt dann zurück. Das kann, je nach Größe der Reibungskraft, eine ganze Weile hin und her gehen. Würde die Reibung überhaupt nicht existieren, dann würde das Rollen nie aufhören. Ein PM ist diese Konstruktion jedoch nicht, weil die Kugel keine Arbeit leistet. Sie behält ständig ihre Energie. Würde sie dagegen auf ihrem Weg etwa ein kleines Zahnrad antreiben, mit dem man zum Beispiel Strom erzeugen könnte, dann würde sie merkbar langsamer, und sie würde auf der gegenüberliegenden Seite nicht mehr ganz so hoch steigen.

Energie ist also so etwas wie mögliche oder gespeicherte Arbeit. Schon die ruhige Kugel in Position A ist ein Energieträger – eben weil man sie herunterfallen oder zu Tal rollen lassen kann, wo sie dann Arbeit verrichten kann. Eine ruhende Kugel im Punkt B dagegen ist – bezogen auf dieses System – nicht von Nutzen.

Für die Kugel in unserem System gibt es zwei Formen von Energie, die Lageenergie oder potenzielle Energie und die Bewegungsenergie oder kinetische Energie.

Lageenergie entsteht dadurch, dass man die Kugel auf eine gewisse Höhe bringt. Welchen Nullpunkt man dabei annimmt, ist willkürlich, wir können einfach den tiefstmöglichen Punkt in dem Kessel als Nullpunkt nehmen – egal, ob der Versuch auf Meereshöhe oder im obersten Stock des Empire State Building stattfindet.

Die potenzielle Energie berechnet sich aus der Arbeit, die notwendig ist, um die Kugel auf die jeweilige Höhe zu bringen. Arbeit ist Kraft mal Weg, und die Kraft ist die Gewichtskraft der Kugel. Die kennen wir schon aus Kapitel 2: Masse mal Erdbeschleunigung.

Also ist die potenzielle Energie V der Kugel in der Position A oder C:

$$V = h \cdot m \cdot g$$

In der Position B ist die potenzielle Energie null.

Die kinetische Energie einer Masse berechnet sich nach der Formel:

$$T = \frac{1}{2} \cdot m \cdot v^2$$

An den Punkten A und C ist die Kugel in Ruhe, also ist ihre kinetische Energie gleich null. Welche kinetische Energie hat sie am Punkt B? Durch ein bisschen Herumrechnen mit den Gleichungen für den beschleunigten Fall bekommt man heraus, dass die Geschwindigkeit der Kugel beim Durchgang durch B folgenden Wert hat:

$$v = \sqrt{2 \cdot h \cdot g}$$

Und setzt man das in die Gleichung für T ein, so ergibt sich, dass die kinetische Energie am tiefsten Punkt denselben Wert hat wie die potenzielle Energie am höchsten Punkt. Es hat also lediglich eine Umwandlung dieser beiden Energieformen stattgefunden.

Egal, wo sich die Kugel auf ihrer Bahn befindet, die Summe aus potenzieller und kinetischer Energie ist stets dieselbe. Das bezeichnen die Physiker als Energieerhaltung – und diese Energieerhaltung ist es, die einen großen Teil der PM unmöglich macht.

Natürlich wird die Kugel in der Wirklichkeit nicht ständig hin und her rollen, sondern aufgrund der Reibungskräfte irgendwann zur Ruhe kommen – am Punkt B, aber mit der Geschwindigkeit null. Dann ist die Bewegungsenergie weg, und Lageenergie hat sie auch keine mehr. Was ist mit der Energie geschehen? Reibung erzeugt Wärme, und tatsächlich hat sich die Energie der Kugel in Wärmeenergie umgewandelt. Die wird in der Realität kaum spürbar sein, da die Wanne ja auch mit der Luft in Kontakt steht und die minimale Erwärmung schnell weitergibt. In einem wirklich abgeschlossenen System aber würde tatsächlich die Energie in dieser Form erhalten bleiben.

Die Erhaltung der Energie bedeutet aber auch: Kommt die Kugel wieder an einer Stelle an, an der sie schon einmal war, dann kann sie maximal dieselbe Geschwindigkeit haben wie zuvor, weil ja der potenzielle Anteil der Energie derselbe ist. Eher wird sie aufgrund von Reibungsverlusten langsamer sein.

Die Kugel in Meyerbeers magnetischen «Perpetuum mobile» ist nun zwei Arten von Kräften ausgesetzt: einmal der bekannten Kraft, die vom Schwerefeld der Erde kommt, und dann der Kraft, die der Magnet ausübt. Auch dieses Feld ist «konservativ», das heißt, in ihm gelten dieselben Erhaltungssätze wie im Schwerefeld. In der Physik überlagern sich Kräfte problemlos, sodass man die beiden Kraftfelder auch unabhängig voneinander betrachten kann. Und dann kommt man schnell zu dem Ergebnis: Wenn die Energie in beiden Feldern erhalten bleibt, dann auch im gesamten System. Die Kugel könnte theoretisch, ähnlich wie das Pendel, mehrfach das System durchlaufen (auch wenn mir kein Experiment bekannt ist, in dem es tatsächlich geklappt hätte), aber sie nimmt dabei keine zusätzliche Energie auf, sie wird beim nächsten Durchlauf nicht schneller, und vor allem kann sie keine Arbeit verrichten. War also nichts mit dem Perpetuum mobile!

Wem das jetzt zu abstrakt ist, für den habe ich noch eine zusätzliche Überlegung: An ihrem Ausgangspunkt, bevor sie die schiefe Ebene heraufrollte, hatte die Kugel die Geschwindigkeit null. Also kann sie, wenn sie den gebogenen Rückweg hinter sich hat, nicht *schneller* sein als null, sie wird also gerade so eben zum Ausgangspunkt zurückkehren – wie die Kugel im Kessel, die so gerade eben die Gegenwand hinaufkriecht. Sobald auch nur ein bisschen Reibung ins Spiel kommt, wird sie den Weg nicht ganz schaffen, sondern wieder zurückrollen! Tatsächlich gibt es einen stabilen Punkt, einen Null-Energie-Punkt sozusagen, auf der gebogenen Bahn. Das kann man sich so überlegen:

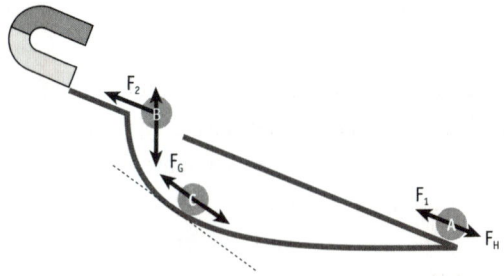

Am Anfang des Falls, im Punkt B, übersteigt die Gewichtskraft den vertikalen Anteil der Magnetkraft, die Kugel fliegt gegen die Wand und rollt nach unten. Am Ende der Bahn liegt sie wieder auf der schiefen Ebene, und die Magnetkraft ist größer als die Hangabtriebskraft (am Ende der gebogenen Bahn ist die Hangabtriebskraft sogar gleich null). Also muss es dazwischen einen Punkt geben, C, wo die Hangabtriebskraft exakt so groß ist wie die entgegengesetzte Magnetkraft, die parallel zur Bahn wirkt. Und genau das ist der Punkt, an dem die Kugel irgendwann zur Ruhe kommt!

Hat denn wenigstens Herr Frerich ein geniales PM erfunden? Auch seine Erfindung ist schon einmal gemacht worden, ein Patent dafür wurde 1830 in London erteilt. Und bis heute gelingt es immer wieder findigen Tüftlern, Patentbeamte mit einer solchen Maschine zu foppen!

Es gibt zahlreiche angebliche PM, die mit Auftrieb arbeiten. Das liegt wohl daran, dass ein Körper mit geringerer Dichte als Wasser eine Kraft nach oben erfährt, sobald er untergetaucht wird – eine Kraft, die der Schwerkraft entgegenwirkt! Sie scheint irgendwie aus dem Nichts zu kommen. Dabei hat sie überhaupt nichts Geheimnisvolles an sich.

Auftrieb entsteht, weil der Druck im Wasser mit der Tiefe zunimmt. Auf jedem Quadratzentimeter einer Fläche unter Wasser, so muss man es sich vorstellen, lastet eine «Säule» von Wasser, 100 Kubikzentimeter pro Meter Wassertiefe, und entsprechend drückt eine Kraft von etwa einem Newton nach unten.

Was man bei dieser Vorstellung leicht übersieht: Druck wirkt in alle Richtungen. Der Druck in einer bestimmten Wassertiefe wirkt auch nach oben! Deshalb wird ein untergetauchter Körper von unten mehr hochgedrückt, als das Wasser von oben herunterdrückt.

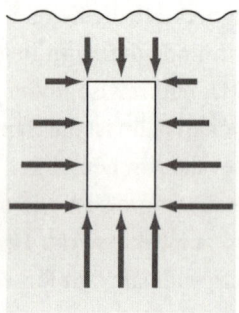

Die Differenz zwischen der von oben und der von unten wirkenden Kraft auf den Körper ist genau das Gewicht des Wassers, das sich zwischen Ober- und Unterseite befinden würde, das der Körper also verdrängt hat. Die Kräfte von der Seite sind zwar auch unterschiedlich groß, tragen aber zum Auftrieb nichts bei. Das sieht man gut bei einem regelmäßigen Körper wie in der Zeichnung, es funktioniert aber genauso für beliebige Geometrien.

Welche Auftriebskräfte erfahren die Zylinder in Herrn Frerichs Maschine? Man muss gar nicht alle Zylinder betrachten, es reicht der Blick auf ein Paar, das mit einer Luftleitung verbunden ist.

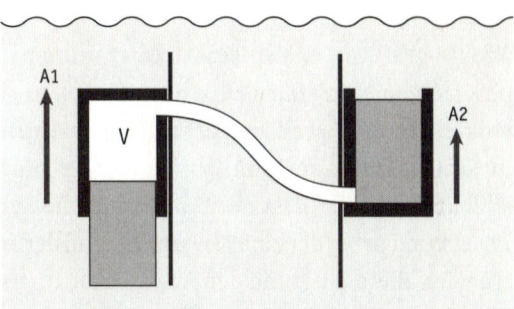

Wenn wir das Gewicht der Luft vernachlässigen, dann haben beide Zylinder samt Kolben dieselbe Masse. Ihre Gewichtskräfte halten sich also die Waage. Aber der linke Kolben erfährt eine höhere Auftriebskraft (A_1) als der rechte (A_2), weil er mehr Wasser verdrängt. Die Differenz $A_1 - A_2$ ist die Nettokraft, die tatsächlich den linken Kolben aufsteigen und den rechten absinken lässt. Diese Kraft entspricht dem Gewicht des Wassers, das durch das Luftvolumen V verdrängt wird. Also ist die nach oben wirkende Kraft

$$A = A_1 - A_2 = F_G = m \cdot g = \varrho \cdot V \cdot g$$

(Der griechische Buchstabe ϱ, sprich Rho, bezeichnet die Dichte eines Stoffes. Die Dichte von Wasser ist ziemlich genau 1.)

Es gibt also tatsächlich eine überschüssige Energie, und die ist gleich der Arbeit, die entlang des gesamten Aufstiegs geleistet wird. Arbeit ist Kraft mal Weg, die Höhe der gesamten Maschine sei h, dann ist diese Arbeit

$$A \cdot h = \varrho \cdot V \cdot g \cdot h$$

Die Maschine leistet also Arbeit, und das ganz ohne Antrieb! Wo ist der Pferdefuß? Oder gibt es keinen?

Das Problem liegt darin, dass oben und unten die Zylinder die Seiten wechseln und dabei der eine Kolben ein- und der andere ausfährt. Das scheint allein aufgrund der Schwerkraft zu geschehen – aber in Wirklichkeit wird dabei tatsächlich Arbeit geleistet.

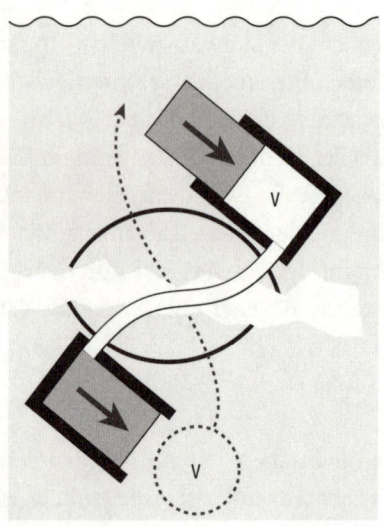

Wenn die Kolben sich bewegen, wird Luft mit dem Volumen V von oben nach unten transportiert. Das muss uns nicht weiter interessieren, weil die Luft praktisch nichts wiegt. Es passiert aber noch etwas anderes, und das übersehen die PM-Konstrukteure gern, weil es sich unseren Blicken entzieht: Wenn der obere Kolben einfährt und damit der Zylinder sein Volumen verringert, muss das fehlende Volumen mit Wasser gefüllt werden. Das kommt natürlich aus der unmittelbaren Umgebung. Gleichzeitig aber wird durch das Ausfahren des unteren Kolbens Wasser verdrängt. Insgesamt ergibt sich also der Transport einer Wassermenge mit dem Volumen V entlang der gesamten Höhe der Maschine! Dazu ist Arbeit nötig – und diese Arbeit entspricht der Gewichtskraft des Wassers mal der Höhe h. Es kommt just die gleiche Arbeit oder Energie heraus, die wir gerade durch die Aufwärtsbewegung gewonnen haben, und die Gesamtbilanz ist null!

Alternativ kann man die Sache auch so erklären: Der untere Kolben muss beim Rausrutschen einen höheren Wasserdruck überwinden als der, der dem oberen Kolben beim Reinrutschen hilft – weil er sich in einer größeren Wassertiefe befindet. Und auch bei dieser Betrachtung ergibt sich dieselbe Arbeit, die zu leisten ist.

Die Erklärungen sind letztlich ziemlich einfach – aber das hat Generationen von Tüftlern nicht davon abgehalten, immer neue Varianten dieses Auftriebs-PM zu entwickeln. Und immer wieder gibt es dafür Patente. Noch im Jahr 2003 hat der Erfinder Mikhail Smeretchanski damit in Frankreich Erfolg gehabt (französisches Patent Nr. 2830575).

Sowohl bei Herrn Meyerbeers als auch bei Herrn Frerichs Erfindung handelt es sich um ein sogenanntes «Perpetuum mobile erster Art» – der Name kommt daher, dass diese Maschinen gegen den ersten Hauptsatz der Thermodynamik verstoßen. Der sagt, in verständlichem Deutsch ausgedrückt, dass in einem geschlossenen physikalischen System Energie weder erzeugt noch vernichtet wird, sondern nur aus einer Form in eine andere umgewandelt wird: potenzielle Energie in kinetische Energie, kinetische Energie in Wärme und so weiter. So richtig geschlossene Systeme gibt es natürlich in unserer Lebenswirklichkeit kaum, vom gesamten Universum einmal abgesehen. Früher wurde oft argumentiert, die Natur um uns herum sei ein perfektes Perpetuum mobile: Sie ist in konstanter Bewegung, bringt ständig neues Leben hervor, kommt nie zur Ruhe. Aber natürlich ist unser Globus alles andere als abgeschlossen. Ihm wird über die Sonnenstrahlung ständig Energie zugeführt, pro Sekunde erreichen 175 Millionen Gigawatt die Erde – das ist die Energie, die letztlich alle Lebensvorgänge antreibt. 175 Millionen Gigawattsekunden: Das sind rund 49 Milliarden Kilowattstunden.

Es gibt aber auch «PM zweiter Art» – das sind Geräte, deren angeblicher Wirkmechanismus gegen den zweiten Hauptsatz der Thermodynamik verstößt. Dieser Satz ist komplizierter, es gibt verschiedene Umschreibungen für ihn: Die Unordnung in der Welt nimmt zu. Wärme lässt sich nicht ohne weiteres in andere Energieformen umwandeln. Es gibt eine «Richtung» in der Entwicklung der Welt, die sich nicht umkehren lässt.

Letztlich ist dieser zweite Hauptsatz der Thermodynamik eine statistische Aussage. Wärmeenergie ist nichts anderes als Bewegungsenergie auf mikroskopischer Ebene: Atomare Teilchen bewegen sich auf ballistischen Bahnen, die mit den Gesetzen der Mechanik beschrieben werden können (dass das so nicht stimmt, wissen wir seit der Quantentheorie, siehe Kapitel 14, aber für die Thermodynamik reicht diese Vorstellung aus). Sie kollidieren miteinander (vor allem in Gasen), und weil wir meistens sehr vielen Teilchen begegnen, können wir statistische Aussagen über ihr Verhalten machen.

Man stelle sich zum Beispiel vor, in eine Ecke eines luftgefüllten Behälters würde man eine gewisse Menge eines heißen Gases geben. Heiß – das bedeutet, dass die Gasteilchen eine hohe Geschwindigkeit haben, verglichen mit den eher langsamen Luftteilchen. Diese schnellen Teilchen beginnen nun, durch den gesamten Behälter zu rasen, dabei kollidieren sie auch miteinander, vor allem aber mit den Luftteilchen. Die schnellen Teilchen geben Energie an die langsamen ab, es stellt sich eine Situation ein, in der erstens die Gase gut durchmischt sind und zweitens ihre mittlere Geschwindigkeit in allen Teilen des Raums dieselbe ist. Die Luft ist also etwas wärmer geworden, und das heiße Gas hat sich abgekühlt.

Diesen Vorgang kann man nach den Gesetzen der Wahrscheinlichkeit berechnen. Der umgekehrte Fall, dass sich aus einem gleichmäßig warmen Mischgas die einzelnen Komponenten trennen und darüber hinaus verschiedene Temperaturen annehmen – dieser Fall ist zwar theoretisch möglich, aber er ist astronomisch unwahrscheinlich. Das wäre so, als wenn ein Haufen Kleinkinder durch das Bad der bunten Bälle im Ikea-Kinderparadies krabbelt – und nachher sind die Bälle im Becken nach Farben sortiert. Das passiert einfach nicht!

Aus einem gleichmäßig lauwarmen Gas aber kann man keine Energie gewinnen. Wärmemaschinen, etwa eine Dampfmaschine oder der Ottomotor, arbeiten mit Wärme*gefällen* – also unterschiedlich heißen Komponenten. Die verschiedenen Energie-Umwandlungsprozesse sind nicht äquivalent; sobald man nur noch «Abwärme» hat, kann man mit der nicht mehr viel anfangen.

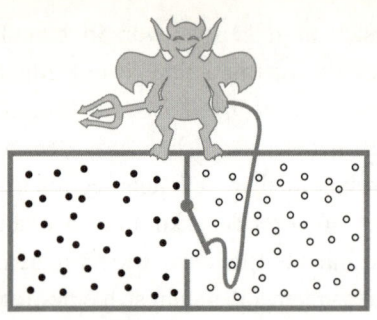

Das berühmteste Beispiel eines – theoretischen – PM, das dieses Gesetz verletzt, ist der «Maxwell'sche Dämon». Der Physiker James Clerk Maxwell formulierte das Problem 1871: Man stelle sich eine zweigeteilte Kammer vor, in der sich jeweils Gas derselben Temperatur und desselben Drucks befindet. Nun gibt es zwischen diesen Kammern eine winzige Tür, die gerade mal ein Molekül des Gases durchlässt. Die Tür wird von einem «Dämon» bewacht – einem nicht weiter definierten Mechanismus, der die folgende Fähigkeit hat: Kommt aus der linken Kammer ein schnelles Teilchen geflogen – also eines, das schneller ist als der Durchschnitt aller Teilchen –, dann lässt der Dämon es in die rechte Kammer passieren. Von rechts nach links lässt er nur unterdurchschnittlich schnelle Teilchen durch. Temperatur ist ja immer nur eine Durchschnittsgeschwindigkeit – es gibt auch in einem kalten Gas schnelle Teilchen und in einem heißen Gas langsame!

Der Sortierungsprozess führt dazu, dass in der linken Kammer die Temperatur sinkt und in der rechten die Temperatur steigt. Also hat der Dämon aus einem lauwarmen Gas ein warmes und ein kaltes gemacht, und diese Differenz kann man nun nutzen, um Arbeit zu leisten!

Maxwell hat keine Konstruktionsvorschrift für seinen Dämon angegeben, aber immer wieder haben Tüftler versucht, eine solche

Maschine zu bauen, die natürlich selbst nicht auf eine externe Energiezufuhr angewiesen sein darf. Der Letzte war ein Erfinder namens Sanjay Amin, der 1999 eine «Entropie-Maschine» erfand. Allerdings wurde auch diese Maschine von Physikern analysiert und für unmöglich befunden.

Oft wenden PM-Gläubige oder hoffnungsvolle Bastler ein, dass die Naturgesetze, die gegen die Existenz von PM ins Feld geführt werden, ja nur Menschenwerk seien und durchaus revidiert werden könnten. Das ist grundsätzlich richtig: Alle Erkenntnisse der Physik stammen letztlich aus Beobachtungen, und wenn man etwas Neues beobachtet, dann muss man auch bereit sein, die Gesetze zu korrigieren. Allerdings liegt die Latte für eine solche Revision ziemlich hoch. Oft wird ins Feld geführt, dass zum Beispiel Einstein die Gesetze Newtons widerlegt hätte – aber für die meisten praktischen Zwecke, auch in diesem Buch, liefern die Newton'schen Gesetze immer noch eine sehr exakte Beschreibung. Und der Energieerhaltungssatz, mit dem man ja die meisten PM widerlegen kann, ist keine dogmatische Setzung irgendeines Physikers, der keine «freie Energie» zulassen würde. Er lässt sich für alle gängigen Energieformen explizit ausrechnen, und 1912 hat die deutsche Mathematikerin Emmy Noether sogar mathematisch bewiesen, dass in einem physikalischen System, das ein paar sehr allgemeine Voraussetzungen erfüllt – eine gewisse Homogenität der Raumzeit und die Geltung der Naturgesetze im ganzen Universum –, immer solche Erhaltungssätze gelten müssen.

Es gibt einen Einwand gegen die Existenz eines Perpetuum mobile, den ich am überzeugendsten finde. Herr Frerich hat ja diesen Schalter in seine Maschine eingebaut, den man betätigt, damit sie nicht in ständige Bewegung übergeht – auch das übrigens ein Detail aus einem echten Patentantrag. Der Schalter wäre bei einem funktionierenden PM auch bitter notwendig. Denn eine solche

Maschine würde ständig überschüssige Energie produzieren, und wenn die nicht abgenommen würde, etwa durch elektrische Verbraucher, bliebe sie in der Maschine. Das Gerät würde immer heißer und würde irgendwann schmelzen oder gar explodieren.

Und selbst wenn die Energie aus der Maschine abgeleitet würde – im Universum würde sie bleiben und letztlich für eine ständige Aufheizung der gesamten Welt sorgen. Wenn man davon ausgeht, dass es im Weltall auch Zivilisationen gibt, die weiterentwickelt sind als wir und deshalb längst ein PM gebaut hätten, müssten wir von dieser Erhitzung im großen Maßstab etwas mitbekommen!

Nein, es bleibt auch im 21. Jahrhundert bei dem Urteil, das schon die Académie Française im Jahr 1775 fällte: «Die Konstruktion einer immer während Bewegung ist unmöglich.»

Jetzt sind Sie dran: Sie verlassen Ihre Wohnung und haben vergessen, die Tür des Kühlschranks zu schließen. Nach zwei Stunden kommen Sie zurück – ist es in der Küche nun kälter oder wärmer als zuvor? (Die Küche wird dabei insofern als abgeschlossenes System betrachtet, dass sie von außen weder gekühlt noch aufgeheizt wird.)

7   Die Mauer

oder

Vom Winde verweht

«In Deutschland müssen sie jetzt schon die Heizung aufdrehen», sagt Martin Spies zu seiner Frau. Monika nickt nur zustimmend – sie hat ihr Gesicht dem Licht zugewendet, die Augen geschlossen und genießt die wärmenden Strahlen der Herbstsonne.

Es ist der erste Sonntag im Oktober, und da sind die Chancen auf Mallorca immer noch gut für einen warmen, sonnigen Tag. Zufrieden schaut sich Spies um, seine neue Finca erfüllt ihn mit Stolz. Die Fassaden sind im mallorquinischen Stil gehalten, aber drinnen ist alles ultramodern – auf die Auswahl der Möbel hatte die örtliche Baubehörde glücklicherweise keinen Einfluss. Im Pool kräuselt sich leicht das Wasser, die Sonne spiegelt sich auf der Oberfläche.

Die Finca des Ehepaars liegt auf einem Hügel oberhalb des Dorfes Sant Joan, ein paar Kilometer abseits der Straße von Palma nach Manacor. Das Meer kann man von hier nicht sehen, dafür ist man weit weg vom Ballermann und anderen Touristenzentren. Ideal für Mallorca-Pendler wie das Ehepaar Spies: Zwanzig Minuten mit dem Auto zum Flughafen, und trotzdem hat man seine Ruhe vor dem gemeinen Volk. Die Deutschen, die man hier trifft, wohnen meist in einem der renovierten Bauernhäuser der Gegend – es sind Rentner, Freiberufler oder auch Leute wie Spies, der sich hier eine Existenz als Immobilienmakler aufgebaut hat. Und sich selbst natürlich das schönste Objekt gesichert hat.

Spies' Blick schweift gen Osten – dort würde er jetzt normalerweise den durchaus malerischen Ort Sant Joan sehen. Aber der Blick ist versperrt durch die Lärmschutzwand «Schwarzwald». Er hat sie nicht gewollt, aber Monika ist ja so lärmempfindlich. «Ich finde feiernde Spanier ja auch ganz anregend», hatte sie gesagt, «aber ich ziehe doch nicht nach Mallorca, um dann dieselbe Geräuschkulisse zu haben wie in der Düsseldorfer Altstadt.» Seine Frau ist elf Jahre jünger als er, aber manchmal findet er sie, ehrlich gesagt, ein bisschen ... spießig.

Martin Spies seufzt in sich hinein. Er hat lange gesucht, um wenigstens keine Betonmauer errichten zu müssen, wie sie entlang der Autobahnen aufgestellt wird. Das Modell «Schwarzwald» besteht aus unbehandeltem Lärchenholz, ist 40 Zentimeter dick und mit gepressten Strohballen gefüllt. Zum Gespött der Einheimischen hat er sich mit diesem zweieinhalb Meter hohen Monstrum dennoch gemacht. *El mur* nennen es die Mallorquiner, die Mauer. Deutschland und Mauer – schön, wenn man seine Vorurteile pflegen kann, denkt Spies ein wenig bitter.

Vor einer Woche ist das Paar eingezogen, und an diesem Wochenende soll *el mur* die Bewährungsprobe bestehen. Es findet nämlich wie jedes Jahr die *Torrada d'es Botifarro* statt, das Blutwurstfest. Am offenen Feuer werden die Würste gegrillt, dazu tanzen die Einheimischen traditionelle Tänze, und natürlich fließt der Rotwein in Strömen. Knapp 2000 Einwohner hat Sant Joan, aber heute werden bestimmt doppelt so viele Menschen den Dorfplatz bevölkern.

Eigentlich wäre auch Martin Spies heute gern ins Dorf gegangen und hätte sich unters Volk gemischt, aber Monika hatte klargestellt, dass sie «auf diese Sorte Folklore» gut verzichten könne. So sitzt das Ehepaar also beim späten Frühstück im neuen Heim und genießt die Sonne, den sanften Ostwind und die Stille.

Bumm. Bumm. Bummbummbumm.

Monika Spies schreckt in ihrem Liegestuhl hoch. Offenbar hat im Dorf die Musikkappelle zu spielen begonnen. Das «Bumm» kommt von den Schlägen der Basstrommel, aber bald sind auch Gitarren und Trompeten zu hören und die gesungenen mallorquinischen Volksweisen.

«Martin!», ruft Monika, und ihre Stimme hat einen scharfen Unterton. Einen leicht hysterischen, findet Spies. «Martin, hörst du das?»

Spies tut so, als müsste er die Ohren spitzen, aber natürlich hat er die Musik längst selbst wahrgenommen. «Jetzt, wo du's sagst. Offenbar hat die *torrada* angefangen!»

«Martin, wozu haben wir eigentlich diese Mauer gebaut? Die soll doch garantiert jeglichen Schall abhalten», mault Monika.

«Vielleicht hätten wir ja doch Beton wählen sollen und nicht diese Öko-Variante», murmelt Martin.

«Ob Öko oder Beton – wir haben eine fünfstellige Summe für diese Wand bezahlt, und dafür will ich auch meine Ruhe haben!» Monika wird jetzt lauter. «Wie kann das überhaupt angehen, dass der Schall durch die Wand durchgeht?»

«Der Schall geht nicht durch die Wand, er geht um die Wand herum», antwortet Martin Spies. Vor der Übersiedlung nach Mallorca hat er ein paar Jahre in einer Firma gearbeitet, die Musikbeschallungsanlagen verkaufte, und da musste er sich ein paar physikalische Grundkenntnisse über die Ausbreitung von Schall aneignen.

«Drum herum?», fragt seine Frau ungläubig. «Ich verstehe ja nicht viel von Physik, aber soviel ich weiß, breiten sich auch Schallwellen geradlinig aus!»

«Stimmt im Prinzip. Aber dann gibt es noch solche Phänomene wie Beugung und Streuung – deshalb ist es auch hinter einer absolut schalldichten Wand im Freien niemals total still. Insbesondere die Schallwellen mit den tiefen Frequenzen werden gebeugt, deshalb dröhnt dieses ‹Bummbumm› besonders gut durch.»

«Ich höre aber nicht nur ‹Bummbumm›», entgegnet die Gattin. «Ich höre auch ‹Tätärä›, Gitarren und johlende Menschen. Fast habe ich den Eindruck, ich könnte einzelne Gespräche da unten auf dem Dorfplatz verstehen.»

«Dazu müsstest du aber erst einmal ein paar Sätze Spanisch lernen», sagt Spies trocken. Diese Spitze kann er sich nicht verkneifen – denn während er in den letzten Monaten einen Spanisch-Feierabendkurs belegt hat, allein schon, um mit den ländlichen Grundbesitzern verhandeln zu können, meinte seine Frau darauf verzichten zu können, weil «da unten sowieso alle Deutsch sprechen».

«Aber du hast recht», fährt Spies fort, «heute hört man wirklich jedes Geräusch aus dem Dorf, trotz der Mauer. Ich könnte mir vorstellen, dass der Schall vom Wind herübergetragen wird. Der bläst ja heute recht kräftig von Osten und trägt die Geräusche vom Dorf zu uns herüber.»

«Wind trägt Geräusche?», fragt seine Frau ungläubig. «Das habe ich auch schon mal gehört, aber ich habe es bisher immer für ein Ammenmärchen gehalten. Der Schall ist doch ziemlich schnell ...»

«... 343 Meter pro Sekunde oder gut 1200 Kilometer pro Stunde ...», sekundiert der Ehemann, der noch aus seinem Akustik-Lehrgang schöpft.

«... und der Wind hat wie viel? Vielleicht maximal 50 Kilometer pro Stunde. Das macht doch keinen großen Unterschied aus. Und davon soll der Schall besser zu uns herübergetragen werden?»

«Es hat nichts mit der Geschwindigkeit zu tun», sagt Martin Spies. «Wenn ich mich recht erinnere, ist das ein Brechungsphänomen. So als wenn man einen Löffel in ein Glas Wasser steckt, und er sieht dann ganz geknickt aus.»

Das Gesicht seiner Frau zeigt ihm, dass seine Erklärung nicht besonders plausibel war.

«Egal – jedenfalls kann dieser Rückenwind dafür sorgen, dass der Schall nicht nur weit getragen wird, sondern sogar über Hindernisse hinweg», fährt er fort, «zum Beispiel über unsere Lärmschutzwand.»

«Du kannst ja gern nochmal in deinen Büchern die Erklärung nachlesen», antwortet seine Frau spitz, «jedenfalls scheint es zu stimmen. Da sitzen wir nun auf unserer schönen Finca und können uns den ganzen Tag den Lärm aus dem Dorf anhören.»

«Na und?», sagt Spies. «Es ist nun mal so, dass hier auch noch andere Menschen wohnen. Echte Einheimische. Und das berühmte Blutwurstfest gibt's nur einmal im Jahr, da pilgern die Leute aus allen Teilen der Insel her! Wenn wir den Lärm schon nicht abstellen können, dann ist die beste Strategie wahrscheinlich die, sich mittenrein zu begeben.»

«Vielleicht hast du ja recht.» Jetzt ist auch Monika Spies ein bisschen nachdenklich geworden. Vielleicht sollte sie ja doch mal einen näheren Blick auf diese Spanier werfen. «Gib mir eine Viertelstunde, ich mach mich nur schnell ausgehfertig. Aber Blutwurst essen muss ich nicht?»

«Nein», lacht ihr Mann, «da gibt's bestimmt auch noch andere Sachen.»

Eine halbe Stunde später stellt das Ehepaar seinen Porsche Cayenne auf dem großen Parkplatz am Ortseingang ab. Monika Spies soll noch bis in die frühen Morgenstunden beim Tanzen gesehen worden sein.

Warum wird das Ehepaar Spies in seiner Ruhe gestört, obwohl es sich doch eine so teure Lärmschutzwand gebaut hat? Liegt es an der Wand, die trotz aller Werbeversprechen doch noch Schall durchlässt, oder hat es andere Gründe?

Schall ist ein Wellenphänomen, Wellen breiten sich geradlinig aus, und ganz naiv stellen wir uns das so vor wie beim sichtbaren Licht. Also eine Art «Schallstrahlen», die von der Lärmquelle ausgehen und auf Gegenstände treffen, die sie abschirmen. Wenn alles so funktionieren würde wie geplant, dann säße unser Paar in einer Art «Schallschatten» und würde vom Volksfest in Sant Joan nichts mitbekommen.

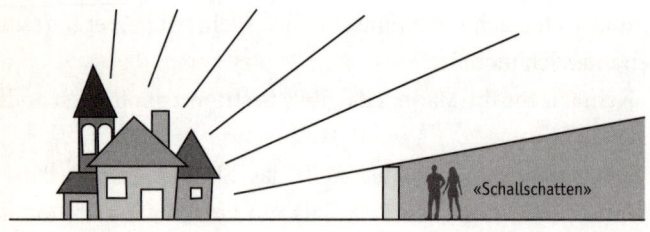

Aber so wie es im Schatten einer Lichtquelle nicht absolut dunkel ist – man kann bekanntlich im Schatten sogar braun werden –, so ist es auch im akustischen Schatten nicht absolut still. Das naive Bild von den sich geradlinig fortpflanzenden «Schallstrahlen» ist eben nicht vollständig. Schall ist tatsächlich eine Welle, und deshalb gibt es auch beim Schall Wellenphänomene wie Streuung, Brechung und Beugung, die dafür sorgen, dass Töne auch «um die Ecke herum» wahrnehmbar sind.

Wie kommen wir überhaupt dazu, uns den Schall als strahlendes Phänomen vorzustellen? Beim Licht ist das ja noch sinnvoll – bekanntlich ist Licht ja Welle *und* Partikel (siehe Kapitel 14), und die Partikel fliegen auf geradem Weg von der Sonne zu uns. Um manche Phänomene erklären zu können, muss man den Wellencharakter des Lichts aber trotzdem heranziehen: Die Lichtstrahlen sind durchaus real, indem sie die Flugbahnen der Photonen beschreiben.

Schallpartikel dagegen gibt es nicht. Es existieren keine Tonteilchen, die von einer Schallquelle zu uns geschossen werden. Schall ist die Fortpflanzung von feinen Druckunterschieden in der Luft. Die Membran eines Lautsprechers zum Beispiel flattert vor und zurück, und wenn sie sich nach außen beult, drückt sie die Luft ein bisschen zusammen, der Druck steigt an dieser Stelle. Dieser Druck pflanzt sich nun in alle Richtungen fort, weil die Luftmoleküle die Energie, die sie durch den Schubs der Membran bekommen haben, per Kollision an ihre Nachbarn weitergeben. Das einzelne Molekül fliegt nicht weit, es bekommt bald wieder einen zufälligen Schubs in die entgegengesetzte Richtung. Die Welle pflanzt sich durch den Luftozean ähnlich fort wie eine Wasserwelle im Meer, bei der ja auch das einzelne Wasserteilchen mehr oder weniger an seinem Platz bleibt. (Ich schreibe «ähnlich», weil es einen wichtigen Unterschied gibt: Wasserwellen sind sogenannte Transversalwellen, die Teilchen schwingen quer zur Ausbreitungsrichtung der Welle. Schallwellen dagegen sind Longitudinalwellen, die Luftteilchen schwingen in der Richtung der Welle vor und zurück.)

Nach dieser Vorstellung breitet sich zunächst einmal eine Schallwelle kugelförmig um die Quelle aus. Aber die Stöße zwischen den Luftteilchen geschehen nicht streng in der angenommenen Ausbreitungsrichtung, sondern zufällig in alle Richtungen. Schon der niederländische Physiker Christiaan Huygens erkannte im 17. Jahrhundert, dass man eigentlich jeden Punkt einer Wellenfront wieder als Ausgangspunkt einer neuen Welle ansehen muss. Ein Luftteilchen, das angestoßen wird, weiß nicht, ob es seinen Schubs direkt von der Schallquelle bekommen hat oder ob es bereits die soundsovielte Station in einer langen Kette von Stößen ist.

Aber kann man solche Kaskaden von aufeinandergetürmten Wellen überhaupt berechnen? Glücklicherweise ja – denn viele dieser sogenannten Elementarwellen löschen sich gegenseitig aus. Wenn ein Wellenberg auf ein gleich großes Wellental trifft, dann ist das Ergebnis null. Das führt dazu, dass sich bei freier Ausbreitung im Raum tatsächlich kugelförmige Wellenfronten ergeben, und man kann sich senkrecht dazu entsprechende «Schallstrahlen» vorstellen. Relevant wird das Huygens'sche Prinzip an Kanten, Ecken und Hindernissen. Es sorgt zum Beispiel dafür, dass wir einen Krankenwagen in der Stadt glücklicherweise auch dann hören können, wenn er aus einer Nebenstraße kommt und wir keinen direkten Sichtkontakt haben.

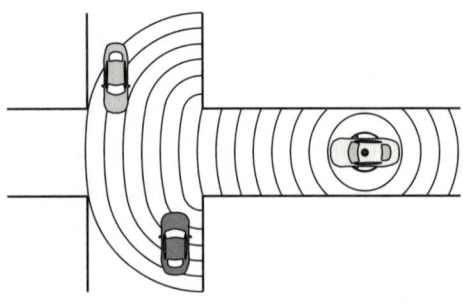

Die Schallwellen, die die Straßenecke erreichen, sind wieder die Quelle für neue Schallwellen – und deshalb hört auch ein Autofahrer das Martinshorn, der sich auf der Querstraße der Kreuzung nähert, und kann rechtzeitig abbremsen. Beugung nennt man dieses Phänomen, wenn Wellen um Hindernisse herumgelenkt werden.

Das Blaulicht des Rettungswagens sieht der Autofahrer jedoch nicht, es sei denn, es wird von Gegenständen oder Fensterscheiben reflektiert. Licht geht nicht um die Ecke – werden Lichtstrahlen nicht gebeugt? Doch, aber in ganz anderem Maßstab. Beugungsphänomene finden dann statt, wenn das Hindernis etwa so groß ist wie die Wellenlänge. Eine typische Schallwelle, etwa der Kammerton a, hat eine Wellenlänge von ungefähr 70 Zentimetern. Eine mittlere gelbe Lichtwelle dagegen hat nur eine Wellenlänge von 580 Nanometern, das ist ein halber tausendstel Millimeter. Lichtbeugung kann man vor allem dann beobachten, wenn Lichtstrahlen durch schmale Spalten gelenkt werden (siehe S. 215).

Und es werden auch nicht alle Schallwellen auf gleiche Weise gebeugt. Die höchsten Töne, die wir hören können, haben nur eine Wellenlänge von etwa zwei Zentimetern, die tiefsten dagegen von 20 Metern. Tiefe Töne werden mehr gebeugt als hohe, oder anders gesagt: Die Lärmschutzwand der Familie Spies hält die hohen Töne fast komplett ab, die tiefen dagegen kriechen regelrecht über die Mauer. Das «Bumbumbum» kommt durch, während die hohen Trompetentöne besser abgeschirmt werden. Wenn Sie zu Hause eine Dolby-Surround-Anlage mit fünf kleinen Lautsprechern und einem großen Subwoofer für die Bässe haben, dann wunderten Sie sich vielleicht darüber, dass Sie laut Betriebsanleitung die Bassbox irgendwo in den Raum stellen konnten, während die Hochtöner sehr präzise platziert werden mussten. Der Grund dafür ist, dass die Wellen der tiefen Töne praktisch von überall ihren Weg zum Ohr finden, während man bei kleinen Lautsprechern immer den direkten Schall abbekommen sollte.

Wenn Lichtbeugung nur im Mikroskopischen passiert – warum ist es dann im Schatten nicht stockdunkel? Das liegt an einem weiteren Wellenphänomen, der Streuung. Auf dem Mond zum Beispiel ist es im Schatten tatsächlich völlig finster, weil dort ein fast perfektes Vakuum herrscht und nichts die Lichtstrahlen stört. Die Atmosphäre der Erde dagegen ist nicht völlig homogen, sie besteht aus vielen kleinen Teilchen, die, wenn sie direkt vom Licht getroffen werden, auch schon einmal einen Strahl ablenken. Auch hier gilt wieder: Am besten funktioniert das, wenn die Wellenlänge etwa der Teilchengröße entspricht, und Strahlen unterschiedlicher Wellenlänge werden unterschiedlich stark gestreut. Das ist der Grund dafür, dass der Himmel blau ist und das Abendrot rot.

Schallwellen werden wegen ihrer Größe nicht an einzelnen Luftmolekülen gestreut, sondern an Turbulenzen in der Luft, kleinen Wirbeln, deren Größe im Zentimeterbereich liegt. Auch sie können dazu beitragen, dass Lärm Hindernisse überwindet.

Warum können diese Turbulenzen Tonwellen streuen? Weil in ihnen die Luft eine andere Dichte hat, und die Dichte der Luft beeinflusst die Schallgeschwindigkeit. Unterschiedliche Ausbreitungsgeschwindigkeiten führen dazu, dass Wellen gebrochen werden. Und diese Brechung ist die Ursache dafür, dass der Wind die Töne der Dorfkapelle bis ins Haus von Herrn und Frau Spies getragen hat.

Dazu erst noch ein paar Überlegungen zur Brechung von Licht: In Wasser zum Beispiel ist die Lichtgeschwindigkeit um etwa ein Viertel niedriger als in der Luft. Das hat auf schräg einfallende Lichtstrahlen den Effekt, dass sie einen Knick machen. Deshalb sehen wir zum Beispiel einen Knick in einem Löffel, der in einem Wasserglas steckt.

Wie lässt sich diese Brechung erklären? Christiaan Huygens fand nicht nur das nach ihm benannte Prinzip mit den «Elementarwellen», er schloss daraus auch: Letztlich nimmt Licht, das durch zwei verschieden dichte optische Medien geht (also Medien mit unterschiedlicher Lichtgeschwindigkeit), nicht den kürzesten Weg im Raum, sondern den schnellsten. Und so kann man den Weg der Lichtstrahlen mit einer Anekdote erklären, die ich in meinem Buch *Der Mathematikverführer* als Rechenaufgabe für den Leser gestellt habe:

David Hasselhoff liegt am Strand von Malibu und sieht, wie im Meer Pamela Anderson um Hilfe ruft. Es geht um Sekunden. Der sportliche Retter läuft im Sand natürlich schneller, als er im Wasser schwimmt. Die optimale Rettungsstrategie für ihn ist nicht die kürzeste Verbindung (1), aber auch nicht der Weg, bei dem er am wenigsten schwimmen muss (2), sondern ein Kompromiss daraus (3). Für diese Strecke, die man als mathematische Extremwertaufgabe berechnen kann, braucht er am wenigsten Zeit.

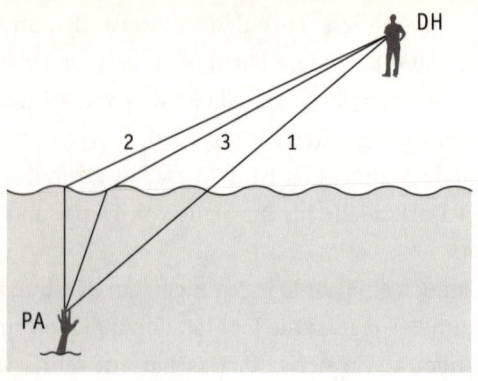

Wem diese Erklärung ein bisschen Unbehagen bereitet (woher weiß das Licht, welcher der kürzeste Weg ist?), für den habe ich noch eine andere Erklärung parat, auch mit Huygens' Elementarwellen: Eine Wellenfront, die man praktisch als parallel annehmen kann, trifft auf die Grenzfläche zwischen zwei optischen Medien, von denen das untere dichter ist als das obere. Jede Wellenfront erreicht zunächst mit der rechten Seite die Grenzfläche (1). Dort entsteht eine neue Elementarwelle, die sich mit geringerer Geschwindigkeit fortpflanzt. In der Zeit, in der der linke Rand der Wellenfront die Entfernung d_2 zur Grenzfläche zurücklegt, schafft die neue Welle nur die kürzere Distanz d_1. Währenddessen sind für jeden Wellenberg dazwischen weitere Elementarwellen entstanden, die sich alle zu einer neuen Wellenfront vereinigen, die in einem gewissen Winkel zur alten Front steht. Beim Eintritt in ein optisch dichteres Medium wird die Welle zur Senkrechten hin gebrochen; wenn das neue Medium «dünner» ist, erfolgt die Brechung weg von der Senkrechten.

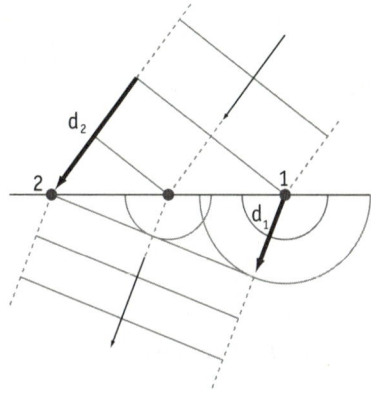

Auch Schallwellen werden an Grenzflächen zwischen Medien mit unterschiedlicher Schallgeschwindigkeit gebrochen. Allerdings gibt es draußen im Freien selten die Situation, dass zwei Luftschichten mit unterschiedlicher Schallgeschwindigkeit direkt aufeinandertreffen. Die Übergänge sind in der Luft fließend, und deshalb ergeben sich keine harten Brechungen, sondern weiche, kontinuierliche – die Schallstrahlen werden gebogen.

Wie kann es in der Luft unterschiedliche Schallgeschwindigkeiten geben? Erstens aufgrund von Temperaturunterschieden. Kalte Luft leitet den Schall schlechter als warme – man kann sich das so vorstellen, dass die Moleküle in kalter Luft «unbeweglicher» sind als in warmer. Normalerweise wird die Luft mit zunehmender Höhe kühler, deshalb werden Schallstrahlen nach oben hin gebrochen. Kommt es dagegen zu einer sogenannten Inversionswetterlage, bei der eine warme Luftschicht auf einer kalten liegt, dann gibt es eine abwärtsgerichtete Brechung – und die Schallwellen werden weiter getragen, teilweise sogar über Hindernisse hinweg.

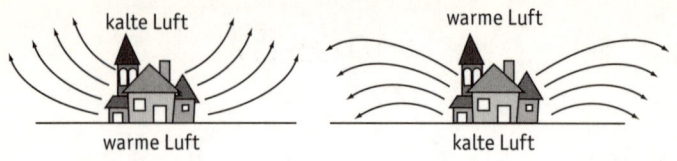

kalte Luft
warme Luft
warme Luft
kalte Luft

Anders ist die Situation, wenn Wind herrscht. Er verändert zwar nicht die Dichte der Luft, aber doch die effektive Schallgeschwindigkeit, wenn auch nur um ein paar Prozent. Und fast immer ist der Wind am Boden schwächer als in der Höhe, das weiß jeder, der ab und zu mal einen Drachen steigen lässt. Also ergibt sich hier ein asymmetrisches Schallprofil, alle Schallstrahlen werden in Windrichtung gebrochen.

Und das ist der Grund, warum der Wind tatsächlich Töne weiter trägt, angenehme wie unangenehme: Er macht sie nicht nur schneller, sondern biegt die Wellen regelrecht um, sodass sie sogar Hindernisse wie die Öko-Mauer von Martin und Monika Spies in Sant Joan überwinden können.

Jetzt sind Sie dran: Sicher kennen Sie den Effekt, dass man eine «Mickymausstimme» bekommt, wenn man das Gas Helium einatmet. Können Sie sich erklären, wie das funktioniert?

8 Der verjüngte Zwilling

oder

Paradoxe Reise durch die Zeit

Es ist ein heißer Tag in Baikonur, als die Botschafterin zurückkehrt, der erste Mensch, der sich aufgemacht hatte, persönlich Kontakt aufzunehmen mit einer anderen Zivilisation. Mit den Anderen. Überall auf der Welt verfolgen die Menschen das Ereignis. Allerdings mit erheblich weniger Enthusiasmus als noch beim Start des Raumschiffs.

Die Botschafterin: mit bürgerlichem Namen Alice Wilson, Amerikanerin, 38 Jahre alt, biologisch allerdings erst 34, doch dazu später. Elf Jahre lang ist sie unterwegs gewesen, auf einer Reise, die vor ihr noch kein Mensch gemacht hat. Acht Milliarden Menschen hat sie repräsentiert auf ihrer Tour ins All, alle 142 Länder der Erde (mit Ausnahme Nordkoreas). Sie war gestartet, um zum ersten Mal die Anderen von Angesicht zu Angesicht zu sehen.

Die intelligenten Signale von Alpha Centauri B waren im Jahr 2020 empfangen worden. Die SETI-Forscher in Kalifornien (SETI steht für *search for extraterrestrial intelligence*, die Suche nach außerirdischer Intelligenz) waren selbst überrascht, dass sie – nach 60 Jahren vergeblicher Suche – die erste Botschaft einer anderen Zivilisation ausgerechnet von dem Stern empfingen, der der Erde am nächsten liegt. Nur gut vier Lichtjahre ist Alpha Centauri B von unserem Sonnensystem entfernt, und das bedeutete: Es bestand zumindest die theoretische Möglichkeit, tatsächlich dorthin zu fliegen und persönlich Kontakt aufzunehmen.

Das Signal selbst war keine richtige Botschaft, sondern eher Datenmüll, wahrscheinlich der ins All entkommene Fetzen einer Fernsehsendung oder eines Funkspruchs. Eine Entschlüsselung war unmöglich, nur eines war klar: Es handelte sich eindeutig um künstliche Signale, die Informationen trugen.

Der Weltsicherheitsrat trat schon am nächsten Tag zusammen. Und binnen weniger Tage, erstaunlich schnell, einigte sich die Menschheit auf ein gemeinsames Vorgehen angesichts dieser wichtigsten Entdeckung ihrer Geschichte: Erstens, wir antworten. Und zweitens, wir fliegen hin.

Die Antwort bestand aus ähnlichen Signalen, wie sie schon früher ins All abgestrahlt worden waren: simplen mathematischen Formeln, gesendet auf derselben Frequenz wie die empfangene Botschaft, der Satz des Pythagoras, das Periodensystem der Elemente – in der Hoffnung, dass auf Alpha Centauri jemand das Signal auffangen und interpretieren würde. Kompliziertere Botschaften, insbesondere so etwas wie «Wir kommen!», waren mangels gemeinsamer Sprache nicht möglich.

Jeder Dialog wäre eine mühselige Sache gewesen: Eine Nachricht wäre nach vier Jahren bei den neuen Partnern angekommen, nach acht Jahren wäre die Antwort da gewesen. In vielen Achtjahresschritten hätte man eine gemeinsame Sprache entwickeln müssen, bevor man die erste wirkliche Information hätte schicken können. Nein, die Menschheit musste hin, fand auch die UN-Vollversammlung. UN-Generalsekretärin Aung San Suu Kyi hielt eine feurige Rede, die viele an die Ansprache erinnerte, mit der John F. Kennedy einst das amerikanische Mondprogramm angekündigt hatte. Und wie Kennedy setzte die Birmanin eine Zehnjahresfrist, diesmal für die ganze Welt.

Die Entwicklungszentrale für das Projekt Alpha stand in Genf, gleich neben dem Kernforschungszentrum CERN, denn von dort kam auch die Technologie: Um den Trip in einem menschlichen Zeitraum machen zu können, war ein gewaltiger Entwicklungssprung notwendig. Das bis dahin schnellste interstellare Raumfahrzeug war die Pioneer-I-Sonde, gestartet in den sechziger Jahren, die mit 63 000 Stundenkilometern durchs All flog, getrieben vom Schwung, den ihr die Anziehungskräfte der Planeten gegeben hatten. Mit diesem Tempo hätte eine Reise nach Alpha Centauri 70 000 Jahre gedauert. Keine Frage, ein neuer Antrieb musste her.

Und tatsächlich gelang es den CERN-Ingenieuren, innerhalb des nächsten Jahrzehnts einen Materie-Antimaterie-Antrieb einsatzbereit zu machen, mit dem sich eine Raumkapsel auf 80 Prozent der Lichtgeschwindigkeit beschleunigen ließ – folglich würde die Reise zum anderen Stern nur noch fünf Jahre dauern, ein Jahr länger als ein Licht- oder Funksignal.

Das futuristische Gefährt wurde vor allem von chinesischen Ingenieuren gebaut, aber wer sollte als Astronaut die Reise antreten? Schon früh hatte man sich geeinigt, nur eine einzelne Person auf die Reise zu schicken, wegen des großen Risikos und weil Psychologen warnten, keine Besatzung würde es fünf Jahre auf diesem kleinen Raum zusammen aushalten, ohne dass es zu Messerstechereien käme.

Nachdem die diplomatischen Verhandlungen zur Lösung der Frage, wer denn nun die Menschheit würdig vertreten solle, alle ergebnislos verlaufen waren – keine der großen Nationen wollte freiwillig zurückstecken –, wurde auf Anregung von Generalsekretärin Suu Kyi beschlossen, die Sache in einer Castingshow zu entscheiden, bei der die gesamte Menschheit per Handy und Internet abstimmen konnte. Millionen Menschen bewarben sich für die Mission, die im wahrsten Sinne des Wortes ein Himmelfahrtskommando war. Auch nach einer harten medizinischen Auslese blieben Tausende von Bewerberinnen und Bewerbern übrig, deren Zahl wie in *Deutschland sucht den Superstar* in vielen publikumsträchtigen Shows immer weiter reduziert wurde. Die Kandidaten mussten Survival-Aufgaben erledigen, aber auch mit Menschen kommunizieren, die eine ihnen völlig unbekannte Sprache sprachen. Und zur Überraschung aller Kommentatoren blieben am Ende zwei Kandidaten übrig, die nicht nur Geschwister waren, sondern sogar Zwillinge: Alice und Bob Wilson, 27, aus dem US-Bundesstaat Virginia. Dass zwei Vertreter der international nicht sonderlich beliebten USA ins Finale kämen, hätte kaum jemand geglaubt. Vielleicht war es das immer noch vorherrschende westliche Schönheitsideal, das den Ausschlag für die blonde Alice mit dem Modelkörper und den athletischen Bob mit seinem markanten Kinn gab.

Das Finale zwischen den Geschwistern war ein Tränenbad. Beide betonten, den Bruder beziehungsweise die Schwester nicht ausstechen zu wollen, aber einer von beiden musste zu Hause bleiben. Die Menschheit stimmte für Alice, und Bob bekam als Trostpflaster den Job als Leiter der Kommunikationszentrale am Boden, die per Funk Kontakt zu dem sich immer weiter entfernenden Raumschiff halten sollte. Fünf Jahre würde die Reise dauern, ein Jahr sollte Alice sich auf dem Planeten umschauen, der Alpha Centauri B etwa im gleichen Abstand umkreiste wie die Erde die Sonne, möglichst viel über die Einheimischen herausfinden und dann fünf Jahre lang zurück zur Erde fliegen.

Und natürlich wurde von Anfang an viel über das «Zwillingsparadox» gesprochen. Nach der Mission, das sagte die Einstein'sche Relativitätstheorie, würde der zurückgebliebene Bob um elf Jahre gealtert sein, aber für Alice wären nur sieben Jahre vergangen und entsprechend weniger würde sie altern. Internet-Kurse zur Relativitätstheorie wurden sehr populär, und viele hätten sich ein eineiiges Zwillingspärchen gewünscht, an dem man die Theorie noch augenfälliger hätte überprüfen können.

Milliarden Menschen schauten live zu, als Alice Wilson am 20. November 2029 ihren Bruder ein letztes Mal umarmte, bevor sie in die Raumkapsel *Eagle 2* kletterte. Es war das erste Ereignis, bei dem wirklich fast jeder Erdenbewohner seinen Fernseher eingeschaltet hatte. Es zog mehr Menschen in seinen Bann als die Fußballweltmeisterschaft oder die erste Mondlandung vor 60 Jahren. Rund um den Globus, in jeder Stadt und jedem Dorf, ruhte die Arbeit, kam das öffentliche Leben zum Stillstand. An vielen Orten saßen die Menschen vor Großbildleinwänden oder hatten sich in Bars und Restaurants versammelt, um den Start der Botschafterin live zu verfolgen.

Wie ein Feuerball verschwand das Raumschiff in der dichten Wolkendecke über dem Weltraumbahnhof Baikonur. Und dann wurde es recht still um die Mission, um Alice und um die Außerirdischen.

Die Videobotschaften, die Alice wöchentlich absetzte, fanden immer weniger Zuschauer. Es gab ja auch nicht viel zu erzählen. Auf dem Raumschiff vergingen drei Jahre, auf der Erde fünf, aber weil das Schiff immer weiter von der Erde entfernt war, dehnte sich die Zeit noch weiter. Auf der Erde wandte man sich irdischeren Problemen zu, etwa der Bekämpfung der immer akuter werdenden Erwärmung des Planeten durch künstliche Wolkenbildung. Erst nach neun Jahren kam der Funkspruch: «Der Adler ist gelandet.» Und mit ihm die ersten Aufnahmen von Pandora, wie man den Planeten in Anlehnung an den alten Filmschinken *Avatar* genannt hatte.

Bob fühlte ein seltsames Kribbeln, als er die ersten Bilder sah. Die hatten eine vierjährige Reise hinter sich. Möglicherweise war seine Schwester längst tot, ermordet von aufgebrachten Außerirdischen, die keine Eindringlinge in ihrer Welt dulden wollten. Oder war sie jetzt schon wie geplant auf dem Rückweg, während er noch die Aufnahmen anschaute, die sie während ihres Aufenthalts gemacht hatte?

Alice hatte strenge Anweisungen, sich auf Pandora so friedlich wie nur irgend möglich zu verhalten. Allerlei Gastgeschenke hatte sie dabei, Tonaufnahmen der größten musikalischen Werke ihres Heimatplaneten – falls die Anderen denn überhaupt über einen akustischen Sinn verfügten. Aber die hätte sie ebenso zu Hause lassen können wie die Filme und Bücher. Weil es niemanden gab, dem sie die Zeugnisse unserer Kultur in die Hand oder eine vergleichbare Extremität hätte drücken können.

Als Landeplatz hatte sich die Botschafterin eine felsige Gegend auf der Nordhalbkugel des trockenen Planeten ausgesucht, von der besonders viele der seltsamen Funksignale ausgingen. Aber so etwas wie eine Stadt konnte sie nirgends ausmachen. Sie fand ein Netz von Wegen, die an Straßen erinnerten, und tatsächlich wurden sie befahren von Maschinen, die sich offenbar autonom bewegten, Robotern mit Rädern. Als sie aus Gründen der Vorsicht zunächst ihr eigenes autonomes Vehikel zur Erkundung losschickte, konnte es nur mit Mühe einem der Roboter ausweichen – es wurde von den «Einheimischen» komplett ignoriert. Das ging ihr auch später selbst so, als sie ihre ersten Erkundungsfahrten auf Pandora unternahm.

Die Roboter transportierten offenbar Gestein von einem Ort zum anderen. Ab und zu verschwanden sie durch große Tore, die in den Untergrund führten. Das ganze Jahr über bemühte sich Alice, einen Blick in diese unterirdische Welt zu erhaschen, aber es gelang ihr nicht. Wann immer sie sich einem der Tore näherte, wurde ihrem Fahrzeug der Weg versperrt. Und als sie sich einmal zu Fuß, in ihrem Raumanzug, einem Tor näherte, wäre sie beinahe überrollt worden.

Aber das war auch schon die einzige Aufmerksamkeit, die ihr

im Lauf des Jahres zuteilwurde. All ihre Funksprüche, die sie aus-
sendete, blieben unbeantwortet. Die schon von der Erde bekannten
Funksignale der Anderen waren offenbar Signale, die die Roboter
untereinander austauschten. Ansonsten zogen sie tagaus, tagein
ihre Bahnen, ohne dass Alice (und vier Jahre später die Wissenschaftler auf der Erde) darin irgendein System erkennen konnten.

In was für eine Welt hatte es sie verschlagen? Offenbar waren
die Maschinen das Produkt intelligenter Wesen. Aber wo waren
die Konstrukteure? Saßen sie unter der Erde des unwirtlichen Planeten? War das hier nur eine Roboterkolonie zur Förderung von
Bodenschätzen? Oder hatten die Anderen diese Welt längst verlassen, und ihre Kreaturen aus Metall liefen einfach weiter, tankten
Sonnenenergie und reparierten sich gegenseitig – ohne jeglichen
Sinn? Je weiter ihr Forschungsjahr fortschritt, umso mehr neigte
Alice zu der letzten Version.

Die letzten Wochen verbrachte sie damit, Proben zu sammeln.
Viel gab es nicht, was sich mitzunehmen lohnte: ein paar Gesteinsproben des weitgehend kahlen Planeten und einige Maschinenteile
aus Metall und einem ihr unbekannten Kunststoff, die offenbar von
den Robotern verloren worden waren. Dann hob ihr Raumschiff
planmäßig ab, um sich auf den Rückweg zur Erde zu machen.

Dieser Rückweg hat für sie wieder drei Jahre gedauert, aber zwischen dem Empfang der letzten Aufnahmen von Pandora und Alice'
Landung ist auf der Erde nur ein Jahr vergangen. Zwar jubeln ihr
einige zehntausend Menschen zu, und alle Welt ist froh, dass die
Botschafterin heil zurückgekommen ist. Sie ist jetzt 34, ihr Zwil-
lingsbruder 38, und die Klatschmagazine streiten darüber, ob sie
aufgrund der strapaziösen Reise nicht doch elf Jahre älter aussehe
als beim Start, so wie alle Erdenbürger. Aber die Stimmung ist doch
eher gedrückt. Da hat die Menschheit sich aufgemacht, Kontakt
mit einer fremden Zivilisation im All aufzunehmen – und am Ende

gibt es mehr Fragen als Antworten, die Anderen haben sich nicht blicken lassen. Daran wird auch die Analyse der Gesteinsproben und der seltsamen Artefakte nicht viel ändern.

Bob ist einfach nur froh, seine Schwester wieder in die Arme schließen zu können. Der geschwisterliche Neid, den er nach ihrem Sieg beim Botschafter-Casting verspürt hatte, ist schon lange verflogen. Als sie zusammen die Gangway hinuntergehen, die von dem Raumschiff zum Kontrollzentrum führt und die ihnen nun vorkommt wie eine Showtreppe, flüstert er ihr ins Ohr: «Ein bisschen öfter hättest du dich schon melden können. Du wolltest mir doch jedes Jahr einen Geburtstagsgruß schicken!»

«Aber, Bob, du weißt doch, dass ich nur sieben Geburtstage erlebt habe, während es bei dir elf waren!», antwortet seine Zwillingsschwester.

«Ja, aber von diesen sieben kamen in den ersten zehn Jahren nur vier an! Dann hast du's wohl gemerkt und die anderen noch schnell hinterhergeschickt ...» Bob scheint sich tatsächlich vernachlässigt zu fühlen.

«Bob! Hast du das mit Einstein und der Relativität alles schon wieder vergessen?», sagt seine neuerdings jüngere Schwester lachend. «Das hat schon alles seine Richtigkeit – ich mal es dir nachher nochmal auf. Aber jetzt wird erst einmal gefeiert!»

Auf einem Lichtstrahl reiten

In dieser Geschichte kommen einige Angaben bezüglich Raum und Zeit vor, die mit unserer Alltagserfahrung in Widerspruch stehen. Das liegt daran, dass bei einem Tempo, das nahe an der

Lichtgeschwindigkeit liegt, recht seltsame Dinge passieren: Der Raum wird kürzer, die Zeit dehnt sich, und von gleichzeitigen Ereignissen kann man gar nicht mehr reden. Wir verdanken diese Einsichten der speziellen Relativitätstheorie, von Albert Einstein 1905 veröffentlicht, und obwohl einiges von dem, was der geniale Patentbeamte da in einer recht knappen Arbeit veröffentlicht hat, phantastisch klingt, ist es doch durch Experimente gut bestätigt und darf als gesichertes Wissen gelten.

Aber bevor wir in diese seltsame Welt eintauchen, bleiben wir zunächst einmal in der Welt, die wir kennen und die von den herkömmlichen physikalischen Gesetzen regiert wird. Also in einer Welt, in der sich die Dinge relativ langsam bewegen – wobei die 63 000 km/h der *Pioneer*-Sonde durchaus noch als langsam gelten.

Am Anfang steht die Beobachtung, dass man eine gleichförmige, unbeschleunigte Bewegung physikalisch nicht vom Stillstand unterscheiden kann. Das stellt man manchmal am Bahnhof fest, wenn man im Zug sitzt und auf dem Nachbargleis ein anderer Zug steht. Wenn sich die beiden Züge im Vergleich zueinander zu bewegen beginnen, ist man oft verwirrt und weiß nicht, ob sich nun der eigene Zug bewegt oder der andere. Ein physikalisches System, das sich in einer solchen Situation befindet, also keine Kräfte von außen und keine Beschleunigung erfährt, heißt in der Physik ein *Inertialsystem*, und die spezielle Relativitätstheorie beschreibt, wie man die Koordinaten zweier solcher Inertialsysteme ineinander umrechnet.

Alle Überlegungen spielen sich in der «Raumzeit» ab – das ist ein vierdimensionales mathematisches Gebilde, bestehend aus den drei bekannten Dimensionen des Raums und zusätzlich der Zeit. Da wir uns vier Dimensionen schlecht vorstellen können und schon drei Dimensionen auf einer flachen Buchseite schwer darzustellen sind, trennen wir uns als Erstes von zwei räumlichen Dimensionen.

Der Raum besteht jetzt nur noch aus einer Linie, auf der man sich hin und her bewegen kann. Das reicht zur Untersuchung von Alice' Raumabenteuer völlig aus – sie fliegt in Richtung des Planeten Pandora und wieder zurück. Zu dieser Raumdimension fügen wir die Zeit als zweite Dimension hinzu und können nun alles, was in dieser Welt geschieht, als ein sogenanntes Raum-Zeit-Diagramm darstellen: Waagerecht liegt unser Raum, und senkrecht tragen wir die Zeit ein. So sieht es dann aus, wenn ein Raumschiff die Erde verlässt:

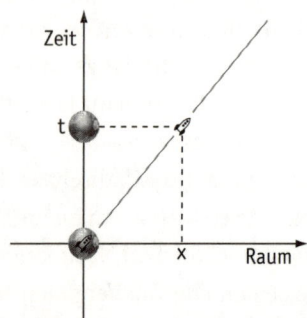

Am Anfang, es möge der Zeitpunkt 0 sein, befinden sich Erde und Raumschiff zusammen am Punkt 0, dann fliegt die Rakete mit einer konstanten Geschwindigkeit v davon. Wir vernachlässigen also die Tatsache, dass die Rakete erst einmal auf dieses Tempo beschleunigt werden muss.

Nach einer Zeit t ist die Erde immer noch da, wo sie vorher war, also am Punkt 0, das Raumschiff hat sich inzwischen fortbewegt und ist am Ort x angekommen.

Das ist das Bild, wie es sich einem Erdbewohner darstellt: Wir stehen fest, die Rakete bewegt sich. Der Pilotin an Bord des Raumschiffs bietet sich aber ein anderes Bild: Sie kann ihre Rakete als ruhend ansehen, dann fliegt die Erde von ihr weg.

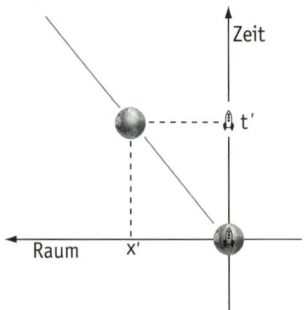

Wie rechnet man Ereignisse aus dem einen Koordinatensystem (ruhende Erde) in das andere Koordinatensystem (ruhendes Raumschiff) um? In der Betrachtung, in der unser Sonnensystem im Mittelpunkt steht, können wir mit Hilfe der bekannten Geschwindigkeit v ausrechnen, welchen Weg die Rakete zurückgelegt hat – Geschwindigkeit ist Weg durch Zeit, und deshalb ist

$$x = v \cdot t$$

Die Erde bewegt sich von dem Raumschiff mit genau der umgekehrten Geschwindigkeit fort, und folglich gilt für ihre Bewegung:

$$x' = -v \cdot t'$$

Was ist dabei t'? Die Zeit, die auf einer Uhr an Bord des Raumschiffs angezeigt wird. Und die ist in dieser «naiven», herkömmlichen Welt eine absolute Zeit, also genau die gleiche wie auf der Erde. Wir können annehmen, dass $t = t'$ ist.

Wichtig ist es festzustellen, dass auf der diagonalen Strecke nicht mehr Zeit vergeht als auf der senkrechten – in einem Raum-Zeit-Diagramm bedeutet eine längere Strecke keine längere Zeit.

Noch sieht das alles ganz vernünftig aus, man kann allenfalls bezweifeln, ob es sinnvoll ist, die Rakete sozusagen als den Mittelpunkt der Welt anzusehen und alle himmlischen Objekte darum herumtanzen zu lassen. Das erinnert an das ptolemäische Weltbild, bei dem die Erde im Mittelpunkt stand und die Planeten teilweise sehr komplexe Bahnen um sie herum beschrieben. Physikalisch gesehen ist das völlig in Ordnung – ein Weltbild, bei dem man (für alle Ereignisse in unserer kosmischen Nachbarschaft) die Sonne in die Mitte stellt, ist indessen viel einfacher zu berechnen.

Albert Einstein machte nun eines seiner berühmten Gedankenexperimente: Wie wäre es, wenn man auf einem Lichtstrahl reiten könnte? Oder anders gesagt: Nehmen wir an, ein Raumschiff fliegt mit Lichtgeschwindigkeit von der Erde weg und knipst eine Lampe an, die in alle Richtungen strahlt. Wo kommt dann dieses Licht wann an? Von einem stehenden Objekt breitet sich das Licht in alle Richtungen aus und erreicht irgendwann (wenn nichts im Weg steht) jeden Punkt der Welt. Aber «stehend» und «gleichförmig bewegend» ist ja im Prinzip dasselbe – vom Standpunkt des Raumschiffs aus würde sich das so darstellen:

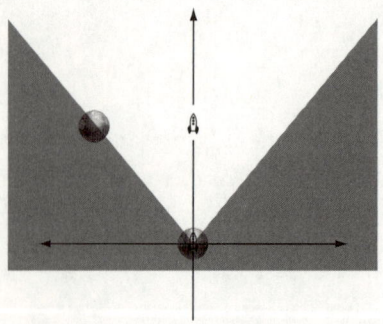

Das Licht breitet sich mit Lichtgeschwindigkeit im Raum aus (ein Jahr auf der Zeitachse entspricht in dieser Zeichnung einem Lichtjahr auf der Raumachse) und füllt so langsam den ganzen Raum aus. Aber gleichzeitig entfernt sich die Erde ja mit Lichtgeschwindigkeit von dem Raumschiff – und deshalb kann das Licht nie über die Erde hinausdringen. Es gibt eine Art «stehende Lichtwand» am Startpunkt der Rakete.

Das klingt äußerst seltsam. Und vor allem: Es lässt sich in der Natur auch bei sehr schnellen Objekten nicht beobachten. Ersatzweise könnte man sich in die Erklärung flüchten, dass es eben doch einen absoluten Ort gebe, einen «Äther», der den Raum füllt und an dem sich das Licht orientiert. Dann aber würde die Rakete sozusagen ihrem eigenen Licht entfliehen und wie ein Überschallflugzeug einen «Überlicht-Blitz» vor sich herschieben – auch keine plausible Erklärung.

Um die Jahrhundertwende vom 19. auf das 20. Jahrhundert dachten die Physiker angestrengt über dieses Problem nach – und Einstein löste es mit einem Schlag, indem er die Zeit für relativ erklärte. Wenn man die Idee einer absoluten Zeit aufgibt, die überall gleich schnell vergeht, dann lösen sich alle Widersprüche auf.

Von der Erde aus gesehen stellt sich die Reise zunächst einmal genauso dar wie im «naiven» Fall: Das Raumschiff entfernt sich mit 0,8-facher Lichtgeschwindigkeit von der Erde. Es legt eine Strecke von 4 Lichtjahren in einem Zeitraum von 5 Jahren zurück. (Das bedeutet nicht, dass man, sollte man sie mit einem Fernrohr verfolgen können, sie in fünf Jahren landen sehen würde – jegliche Nachricht von der Landung erreicht die Erde wegen der Laufzeit der Signale erst in 9 Jahren!)

Relativ wird es, sobald man die Reise aus der Sicht der Pilotin anschaut. Dazu muss man nämlich die Gleichungen der sogenannten Lorentz-Transformation benutzen. Durch diese ersetzt man die «naive» Transformation zweier Inertialsysteme, die weiter oben in Formeln ausgedrückt wurde. Die Lorentz-Transformation beschreibt die Umrechnung von Orts- und Zeitkoordinaten folgendermaßen:

$$x' = -\gamma \cdot (x - v \cdot t)$$
$$t' = \gamma \cdot (t - \frac{v}{c^2} \cdot x)$$

Der griechische Buchstabe Gamma (γ) bezeichnet den sogenannten «relativistischen Term»:

$$\gamma = \frac{1}{\sqrt{1 - v^2/c^2}}$$

Dabei ist c die (nach Einstein konstante) Lichtgeschwindigkeit. Was ist das für eine seltsame Größe? Wenn die relative Geschwindigkeit v der beiden Bezugssysteme sehr viel kleiner ist als die Lichtgeschwindigkeit, dann ist v^2/c^2 ein sehr kleiner Bruch, die Wurzel ist praktisch gleich 1, und Gamma ebenfalls. Je näher sich v an c annähert, umso mehr nähert sich v^2/c^2 der Zahl 1, die Wurzel wird immer kleiner und damit γ immer größer. In unserem Fall ist:

$$\gamma = \frac{1}{\sqrt{1 - v^2/c^2}} = \frac{1}{\sqrt{1 - (4/5)^2}} = \frac{1}{\sqrt{9/25}} = \frac{1}{3/5} = 5/3$$

Was zeigt nun Alice' Uhr an? Wie viel Zeit vergeht im Raumschiff, während sie nach Pandora fliegt? Wir vernachlässigen an dieser Stelle die Zeit, die es braucht, um das Raumschiff auf das entsprechende Tempo zu bringen, und auch die Abbremsphase, betrachten also nur die gleichförmige Bewegung zwischen den beiden Planeten. Dann befindet sich Alice in einem Inertialsystem, und wir können aus der obigen Gleichung ausrechnen, welche Zeit t' auf ihrer Uhr verstreicht.

Wir interessieren uns für den Moment der Ankunft auf Pandora und wollen wissen, an welchen Orts- und Zeitkoordinaten sich die Reisende zu diesem Zeitpunkt befindet. Im alten Koordinatensystem ist also $x = 0$ und $t = 5$. Im Erdsystem ist dann $x = 4$ Lichtjahre und $t = 5$. Im fliegenden Schiff stellt sich das dann so dar:

$$x' = \gamma \cdot (4 - 4) = 0$$

$$t' = \gamma \cdot (5 - \frac{4}{5} \cdot 4) = \frac{5}{3} \cdot \frac{9}{5} = 3$$

Der Ort ist 0 – das ist klar, weil das Raumschiff ja der Nullpunkt des Koordinatensystems ist. Aber die Zeit beträgt nur 3 Jahre und nicht 4.

Für Alice vergehen nur drei Jahre! Das ist die sogenannte Zeitdilatation aus Einsteins Theorie – die Zeit vergeht in beiden Systemen unterschiedlich schnell. Hier ist nochmal die Zeichnung, gesehen vom System Erde aus, mit den Jahresmarkierungen:

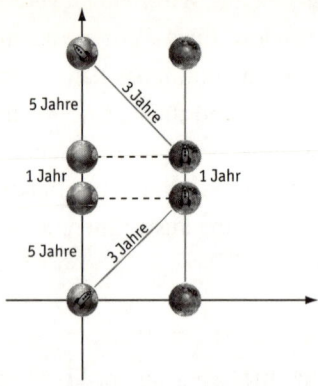

An dieser Stelle wird so manchem der Kopf rauchen, und andere werden protestieren: Moment mal, die beiden Systeme sind doch gleichberechtigt – Alice fliegt mit 80 Prozent Lichtgeschwindigkeit von der Erde weg, aber umgekehrt fliegt die Erde doch auch mit derselben Geschwindigkeit von Alice weg. Kann man nicht ebenso argumentieren, dass auf der Erde die Zeit langsamer vergeht als im Raumschiff? Dieses Argument ist auch der Grund, warum die Geschichte von Alice und Bob oft als «Zwillingsparadox» bezeichnet wird. Wenn für Alice weniger Zeit vergeht als für Bob und für Bob weniger Zeit als für Alice, wie kann das angehen? Und wer ist dann tatsächlich weniger gealtert, als die beiden sich wieder in die Arme schließen?

Der Denkfehler bei diesem scheinbaren Paradox liegt in der naiven Annahme, dass klar ist, wann wir in der Welt der Relativität zwei Ereignisse in unterschiedlichen Inertialsystemen als «gleichzeitig» bezeichnen können. Das ist aber nicht der Fall!

Aus Bobs Sicht findet Alice' Landung genau nach Ablauf von 5 Jahren statt. Die beiden Zeitpunkte sind für ihn «gleichzeitig». Aber auch Alice kann sich zu jedem Zeitpunkt fragen, was ihr Bruder Bob «jetzt gerade» macht, insbesondere als sie nach drei Jahren auf Pandora ankommt. Und sie kann ausrechnen, dass für Bob bis dahin aufgrund der gedehnten Zeit nur $3/\gamma$ Jahre vergangen sind, also 1,8 Jahre! Das ist in ihrem System der Moment, der «gleichzeitig» mit ihrer Landung liegt.

Und was heißt das nun, wenn man den *gesamten* Flug betrachtet? Wie stellt er sich für Alice dar? Alice wechselt während ihres Trips mehrmals das Inertialsystem. Zunächst bewegt sie sich von der Erde fort. In diesem System vergehen auf der Erde nur 1,8 Jahre, während sie drei Jahre lang fliegt. Dann aber wechselt sie ins «statische» System, befindet sich für das Jahr ihres Aufenthalts im selben Inertialsystem wie die Erde. Dazu muss sie scharf abbremsen, und ihre Weltkoordinaten werden kräftig durcheinandergerüttelt. Tatsächlich vergehen dabei scheinbar 3,2 Jahre auf der Erde, und man kann nun wirklich von einer Gleichzeitigkeit sprechen, während auf der Erde das sechste Jahr vergeht. Dann fliegt Alice zurück, muss gewaltig beschleunigen, um wieder auf $0,8c$ zu kommen – und während dieser Beschleunigung macht auch die Zeit auf der Erde einen gewaltigen Sprung. Während ihrer dreijährigen Rückreise vergehen dann – in ihrem dritten Bezugssystem – wieder nur 1,8 Jahre auf der Erde. So stellt sich das Geschehen also für Alice dar:

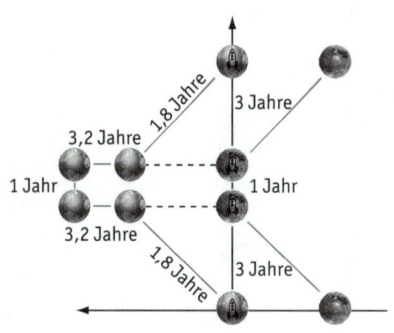

Mit dem Zeitsprung geht übrigens auch ein Entfernungssprung einher: Während der Hinreise entfernt sich die Erde von ihr nur scheinbare 2,4 Lichtjahre – eben 3 Jahre mit 0,8 c. Nach dem Abbremsen ist sie dann plötzlich 4 Lichtjahre entfernt. Und bei der Rückreise passiert das Umgekehrte noch einmal.

Festzuhalten ist, dass Alice sich im Gegensatz zu Bob *nicht* die ganze Zeit in einem Inertialsystem befindet – deshalb gibt es bei ihr die seltsamen Sprünge, die ja in der Wirklichkeit Bewegungen sind, bedingt durch sehr starke Abbremsung und Beschleunigung.

Selbst wenn es den phantastischen Materie-Antimaterie-Antrieb vom CERN gäbe und der das Raumschiff ungemein schnell auf seine Spitzengeschwindigkeit bringen könnte – wenn Menschen an Bord sind, muss man vorsichtig sein. Setzt man die maximale Beschleunigung, die ein Mensch einigermaßen heil überstehen würde, mit dem Zehnfachen der Erdbeschleunigung an – dann würde jedes Beschleunigungs- und Abbremsmanöver etwa einen Monat dauern.

Zum Abschluss schauen wir uns noch an, wann denn die Geburtstagsgrüße angekommen sind, die sich Alice und Bob innerhalb der gesamten Zeit geschickt haben:

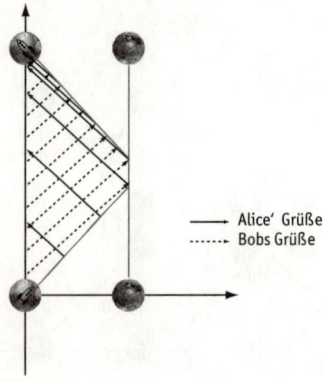

—— Alice' Grüße
······ Bobs Grüße

Während Alice also während der drei Jahre ihres Rückflugs in gleichmäßigem Abstand die Grüße Nummer 2 bis 10 empfängt, bekommt Bob insgesamt nur 6, und drei davon innerhalb des letzten Jahres! Er hat also keinen Grund zum Schmollen – Alice hat ihm immer treu ihre Botschaften geschickt, nur durch die Seltsamkeiten der Relativitätstheorie kamen sie in sehr ungleichmäßigen Abständen an.

Jetzt sind Sie dran: Ein Raumschiff fliegt mit hoher Geschwindigkeit vom Planeten A zum Planeten B und sendet dabei alle 6 Minuten ein kurzes Funksignal aus. Auf Planet B kommen diese Signale mit einem Abstand von 3 Minuten an. In welchem Abstand werden sie auf Planet A beobachtet?

9 Die Party

oder

Quatsch mit langen Strohhalmen

Es ist eine schöne Tradition im Winterthurweg Nr. 27 in Hamburg-Eppendorf: Einmal im Jahr feiern alle Bewohner zusammen ein Hausfest. Das Gründerzeit-Mietshaus wird vorwiegend von gut verdienenden Ärzten, Anwältinnen und Medienschaffenden bewohnt, und in dieser Gegend legt man Wert darauf, seine Nachbarn zu kennen. Statussymbole sind hier weniger die Hybrid-Autos, die am Straßenrand parken, als die Bugaboo-Kinderwagen im Treppenhaus.

Die Schindlers aus dem Erdgeschoss haben ihren Garten zur Verfügung gestellt, und den ganzen Nachmittag haben hier die Kinder des Hauses getobt, Wettspiele veranstaltet und jede Menge Kuchen in sich hineingestopft. Dann aber, vor einer halben Stunde, haben die Erwachsenen zum Zapfenstreich geblasen – es ist jetzt neun Uhr abends, die jüngeren Kinder sind in ihre Zimmer geschickt worden, was nicht ohne Gequengel abging. Bei den Kleinen ist die Mutter oder der Vater mitgegangen, um sie in den Schlaf zu singen, aber von den zehnjährigen Zwillingen Anna und Niklas erwarten die Eltern, dass sie allein ins Bett gehen können. Angst würden sie ja wohl keine haben, schließlich seien sie ja zu zweit.

Zwar haben die beiden sich brav die Zähne geputzt und die Pyjamas angezogen, aber an Schlaf ist natürlich nicht zu denken. Dazu ist die Party unten erstens viel zu laut – die Erwachsenen haben jetzt die Musik aufgedreht, ein paar fangen an zu tanzen –, und zweitens sind die Zwillinge viel zu aufgeregt.

Nachdem Anna und Niklas eine Weile im Bett gelesen haben, fragt Anna: «Wollen wir das Licht ausmachen?»

«Bist du denn müde?», fragt ihr Bruder zurück. Es ist jetzt 11 Uhr nachts.

«Nicht wirklich. Aber weißt du, was – lass uns das Licht trotzdem ausmachen, und dann können wir vom Balkon runterschauen, ohne dass uns die Großen sehen können!»

Die Kinder schlüpfen aus ihren Betten, löschen alle Lichter in der Wohnung und schleichen vorsichtig durchs Wohnzimmer auf den Balkon. Die Wohnung der Familie liegt im dritten Stock, und von oben haben die Kinder die Party gut im Blick, ohne dass sie befürchten müssen, in der Dunkelheit gesehen zu werden.

Nachdem sie das Treiben eine Weile beobachtet haben, wird es ihnen schon wieder langweilig. So aufregend ist es nun auch wieder nicht, Erwachsenen beim Trinken, Schwatzen und Tanzen zuzusehen.

«Psst, ich habe eine Idee!», flüstert Niklas seiner Schwester zu. Sein schelmisches Grinsen verrät Anna, dass er bestimmt wieder einen ziemlichen Unsinn im Kopf hat.

«Sprich's aus, Niklas», sagt Anna. «Aber wenn es zu gefährlich ist, mach ich nicht mit!»

«Nee, gefährlich ist es überhaupt nicht. Keine Kletterei auf dem Balkongeländer oder so», beruhigt Niklas sie. «Siehst du da unten auf dem Tisch, direkt unter uns, die beiden Schüsseln mit Getränken stehen? Die rote Flüssigkeit und die gelbe?»

«Was du als ‹rote Flüssigkeit› bezeichnest, ist Sangria – und enthält Alkohol», sagt Anna. «Das Gelbe ist selbstgemachte Zitronenlimonade.»

«Egal – meinst du, wir würden es schaffen, mit einem Strohhalm aus den Schüsseln zu trinken, ohne dass die Erwachsenen was merken?»

«Was soll denn das für ein Strohhalm sein?», fragt Anna entgeistert.

«Natürlich kein richtiger Strohhalm – aber Papa hat doch in seinem Büro ein paar Rollen von diesen durchsichtigen Plastikschläuchen, mit denen klappt das bestimmt!», meint Niklas.

Der Vater der Zwillinge ist selbständig und handelt mit Medizinprodukten, und manchmal lagert er auch Geräte und Zubehör in seinem Büro zu Hause. Und seit einer Woche liegen dort aufgerollt die PVC-Schläuche, von denen Niklas spricht.

«Das sind zwei 12-Meter-Rollen, hab ich gesehen», sagt Niklas, «und wenn wir sie nachher ausspülen und wieder aufrollen, merkt Papa bestimmt nichts!»

«Von der Länge her könnte das klappen», grübelt Anna. «Die Wohnungen hier sind etwa 3,50 Meter hoch, plus die zwei Decken dazwischen … aber du meinst doch nicht wirklich, dass wir das schaffen, ohne dass jemand etwas merkt?»

«Im Dunkeln sieht man doch die Schläuche bis zur letzten Sekunde überhaupt nicht», antwortet Niklas. «Und dann müssen wir eben einen guten Moment abpassen!»

Ohne eine Antwort abzuwarten, ist der Junge schon aufgesprungen und holt die beiden Rollen mit den transparenten Schläuchen aus Vaters Büro. «Lass uns um die Wette saugen. Wer nimmt Rot, und wer nimmt Gelb?», fragt Niklas, und am Leuchten in seinen Augen kann Anna sehen, dass er nur zu gern von dem verbotenen Alkohol probieren würde.

«Lass uns losen!», schlägt Anna vor, und nach dreimal Schnick-Schnack-Schnuck steht fest, dass sie die Wahl hat. «Ich nehme Rot!», flüstert sie mit einem triumphierenden Gesichtsausdruck.

«Ich wusste gar nicht, dass du so auf Alkohol stehst», sagt ihr Bruder erstaunt – eigentlich ist seine Schwester immer strikt dagegen gewesen, auch nur einen Schluck Wein zu probieren.

«Irgendwann ist immer das erste Mal», sagt Anna mit einem Lächeln, das Niklas nicht richtig zu deuten weiß.

Eine Weile noch beobachten die Kinder das Treiben auf der Party. Offenbar haben die Erwachsenen auch schon einiges von dem roten Zeug getrunken, denn die Gespräche werden lauter, und auf der Fläche, auf der sonst die Rattanmöbel stehen, tanzen ausgelassen ein paar Nachbarn, denen sie das gar nicht zugetraut hätten.

Dann legt Herr Langer, der heute den Discjockey gibt, *I Will Survive* von Gloria Gaynor auf – und das reißt auch den Letzten vom Stuhl. Alle Erwachsenen sind jetzt auf der Tanzfläche, das Buffet und auch der Tisch mit den Getränken sind verwaist.

«Jetzt oder nie!», flüstert Niklas. Blitzschnell seilen die Kinder ihre Schläuche ab. Es ist nicht ganz leicht, von hier oben die Öffnung der Schüsseln zu treffen, aber wenig später ist auch das geschafft.

«Los!», zischt Anna. Beide Kinder nehmen das Ende ihres Schlauches in den Mund und saugen. Und saugen. Und saugen. Erstaunlich, wie viel Luft in so einem Schlauch ist, der doch nur ein paar Millimeter Durchmesser hat! Zuerst können sie überhaupt nicht feststellen, ob ihre Saugerei Erfolg hat – aber dann sehen sie, dass der Pegel bereits den zweiten Stock erreicht hat. Es funktioniert!

Mit großen Augen schaut Niklas seine Schwester an. «Noch drei Meter», soll das bedeuten. Die Köpfe der Kinder sind gerötet, die Wangen beginnen zu schmerzen. Immer langsamer kriechen die rote und die gelbe Flüssigkeitssäule höher. Zehn Zentimeter unterhalb des Balkongeländers ist für Niklas Schluss. Sosehr er sich auch anstrengt – der Pegel bleibt auf derselben Höhe stehen. Irgendwann hält der Junge es nicht mehr aus und lässt prustend und nach Luft ringend von seinem Schlauch ab.

Anna dagegen gibt nicht auf. Sie wirft einen Blick zu Niklas hinüber, in dem der Bruder eine Spur von Triumph zu erkennen glaubt. Und dann erreicht die rote Flüssigkeitssäule tatsächlich Annas Mund. Sofort spuckt das Mädchen die Sangria auf den Boden. «Iiih», sagt sie, «schmeckt ja widerlich.» Aber sie hat den Wettbewerb eindeutig gewonnen.

War das jetzt zu laut? Vorsichtig spähen die Kinder hinab – aber die Aktion hat gerade mal drei Minuten gedauert, und noch sind alle Erwachsenen auf der Tanzfläche. Vorsichtig ziehen die Kinder ihre Schläuche wieder hoch, offenbar hat niemand etwas gemerkt.

Niklas ist ganz geknickt – er war überzeugt, dass er besser sein würde als seine Schwester. Und dann das!

Die Schwester legt ihm den Arm um die Schultern. «Nun sei mal nicht so geknickt, dass du verloren hast. An dir hat es doch gar nicht gelegen.»

«Was meinst du damit?»

«Ich hätte die Limo wahrscheinlich auch nicht geschafft, deshalb habe ich ja die Sangria gewählt, obwohl ich diesen Alkohol wirklich eklig finde», erklärt Anna.

Niklas ist verblüfft. «Soll das heißen, die Sangria lässt sich leichter saugen?», fragt er ungläubig.

«Genau das soll es heißen», antwortet Anna. «Und hättest du letzte Woche im Physikunterricht besser aufgepasst, dann hättest du das auch gewusst. Aber das erklär ich dir morgen, lass uns mal aufräumen hier, Mama und Papa kommen bestimmt bald hoch.»

Und tatsächlich schaffen es die Zwillinge noch, alle Spuren ihres Experiments zu beseitigen, die Schläuche auszuspülen und zu verstauen und sich in ihre Betten zu legen, bevor ihre angeheiterten Eltern in die Wohnung kommen. «Die Sangria hatte es aber in sich», hören sie ihre Mutter noch sagen, bevor sie einschlafen.

Ziehen oder schieben?

Dass man Flüssigkeiten nicht beliebig hochsaugen kann, ist eine Tatsache, gegen die sich unser gesunder Menschenverstand heftig wehrt. Wir «ziehen» doch an der Flüssigkeit, wieso soll es da eine Grenze geben, wenn wir nur genügend Kraft aufwenden? Die Antwort lautet natürlich, dass wir nicht ziehen, sondern dass die uns umgebende Luft schiebt – und deren Schubkraft ist begrenzt.

Wir leben in einem Ozean aus Luft. Diese Luft hat Masse, und diese Masse sorgt aufgrund der Erdanziehung für Druck. Aber jahrtausendelang hatten die Menschen eine andere Vorstellung. Luft wiegt in unserer täglichen Erfahrung ja scheinbar nichts, sie fällt nicht zu Boden, und deshalb spüren wir ihre Masse nicht. Wie erklärten sich die Wissenschaftler früherer Jahrhunderte dann, dass Flüssigkeiten in einem Strohhalm aufsteigen, dass man Wasser mit einer Saugpumpe aus der Tiefe fördern kann?

Mehr als zweitausend Jahre lang berief man sich auf die Erklärung des griechischen Philosophen Aristoteles, der nicht nur in dieser Frage den wissenschaftlichen Fortschritt lähmte. Aristoteles war der Gedanke völlig fremd, dass man aus Experimenten irgendwelche Erkenntnisse ziehen könnte, er kam meist durch reines Räsonnieren zu seinen Aussagen über die Welt, und die waren oft himmelschreiend falsch (es soll ja heute noch Philosophen geben, die mit dieser Methode arbeiten). Er behauptete zum Beispiel glattweg, Männer hätten mehr Zähne als Frauen – auf die Idee, einfach mal nachzuzählen, kamen weder der große Philosoph noch seine Epigonen. Das natürliche Bestreben jedes bewegten Körpers sei die Ruhelage, behauptete Aristoteles – auch dieser Glaube überstand die Jahrtausende, bis sich die Erkenntnis durchsetzte, dass bewegte Massen eine gleichförmige Bewegung beibehalten, solange sie nicht von einer Kraft abgebremst werden.

Dass man Flüssigkeiten nach oben saugen kann, erklärte Aristoteles mit dem *horror vacui*, mit der Abscheu der Natur gegen ein Vakuum, das es nicht geben dürfe. Sobald man die Luft aus einem Rohr entfernt, droht aber ein Vakuum zu entstehen, und das verhindert die Natur, indem sie die Flüssigkeit ansteigen lässt. Nach diesem Prinzip müsste man Wasser tatsächlich beliebig hochsaugen können.

Zu Beginn der Neuzeit merkte man aber, dass dies in der Praxis nicht funktionierte. Im Kohlenbergbau zum Beispiel musste man oft eindringendes Wasser nach oben pumpen, und keine Pumpe schaffte das über eine gewisse Höhe hinaus. Man machte die Unvollkommenheit der Konstruktionen dafür verantwortlich, etwa dass eine solche Pumpe ab einem gewissen Vakuum nicht mehr richtig dicht bleibe – aber die ersten Zweifel am Vakuum-Horror kamen auf.

Zum Beispiel bei Galileo Galilei. Der stand zwar einerseits zu der Doktrin, stellte aber andererseits fest, dass eine Wassersäule höher als zehn Meter durch Saugen nicht zu erreichen war. Verabscheute die Natur das Vakuum nur bis zu einer gewissen Höhe? Diesen Widerspruch löste Galilei nicht auf – vielleicht wollte er sich einfach nicht noch mehr mit den geistlichen Autoritäten anlegen, als er es durch seine astronomischen Fernrohrbeobachtungen schon getan hatte.

Sein Schüler Evangelista Torricelli war es, der schließlich mit dem Unsinn vom *horror vacui* aufräumte und behauptete, dass eine Flüssigkeitssäule nicht durch das drohende Vakuum nach oben gezogen wird, sondern durch das Gewicht der Luft nach oben gedrückt wird. Er schlug dazu 1643 ein Experiment mit Quecksilber vor. Quecksilber ist viel schwerer als Wasser (ein Kubikzentimeter wiegt knapp 14 Gramm). Wenn man ein etwa ein Meter langes Glasrohr vollständig mit Quecksilber füllt und es dann kopfüber in eine mit Quecksilber gefüllte Schüssel taucht, dann kann der Luftdruck nur eine Quecksilbersäule von 76 Zentimetern halten. Die Folge: Die Flüssigkeit fließt aus dem Rohr, bis diese Höhe erreicht ist, und darüber entsteht tatsächlich ein Vakuum.

Torricellis revolutionäre Ansichten wurden heftig bekämpft – René Descartes soll gesagt haben: Wenn irgendwo ein Vakuum existiere, dann in Torricellis Kopf. Aber dann bekam Torricelli in Blaise Pascal einen prominenten Mitstreiter.

Das Experiment von Torricelli war inzwischen umgesetzt worden, aber viele Gelehrte bezweifelten, dass über der Quecksilbersäule tatsächlich ein Vakuum entstanden war. Viele meinten, dass irgendwelche Gasdämpfe den Raum gefüllt hätten. Pascal führte nun vor 500 Zuschauern ein Experiment mit zwei zwölf Meter hohen Glaskolben vor, einer mit Wasser gefüllt und einer mit Wein. Da Wein leichter verdampft als Wasser, erwarteten die Anhänger der Dampftheorie, dass die Weinsäule niedriger sein würde als die Wassersäule. Aber das Gegenteil war der Fall – wie auch beim Versuch der beiden Zwillinge in unserer Geschichte.

Pascals Experiment *vide dans le vide* («Leere in der Leere») bewies ein für alle Mal, dass es tatsächlich der Luftdruck ist, der Flüssigkeiten aufsteigen lässt. Pascal brachte dazu eines von Torricellis Manometern – also ein mit Quecksilber gefülltes Röhrchen in einer Quecksilberschüssel – in eine größere Röhre ein, die ebenfalls das Flüssigmetall enthielt und unten mit einer Membran verschlossen war. Die gesamte Konstruktion wurde wiederum in ein Quecksilberbecken getaucht (Bild 1). Heute würde man angesichts der Giftigkeit von Quecksilber wohl nicht so sorglos mit solchen Mengen umgehen.

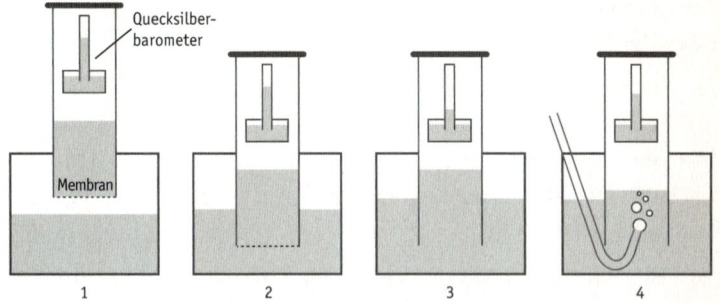

Solange die Membran intakt ist, tut sich nicht viel (Bild 2). Zerstößt oder entfernt man sie aber, dann sinkt der Flüssigkeitsspiegel in der großen Röhre ab, und es entsteht in ihr ein Unterdruck (Bild 3). Der zeigt sich auch dadurch, dass der Quecksilberspiegel im kleinen Manometer absinkt. Bläst man mit einem U-förmigen Röhrchen Luft in die große Röhre, sodass der Druckunterschied ausgeglichen wird (Bild 4), dann steigt der Pegel im Manometer wieder an. Das Experiment zeigt: Dieser Pegel hängt tatsächlich nur vom Luftdruck in der Umgebung ab, nicht von irgendwelchen Ängsten der Natur vor der Leere.

Was wiegt die Luft über uns? Unter normalen Bedingungen am Erdboden hat Luft eine Dichte von etwa 1,3 Kilogramm pro Kubikmeter. Schaut man sich eine Luftsäule von einem Meter über einer Fläche von einem Quadratzentimeter an, dann ist ihre Masse etwa ein zehntel Gramm. Das klingt nicht viel, aber die Atmosphäre reicht ja einige Kilometer in die Höhe, auch wenn sie dabei immer dünner wird. Der Luftdruck am Boden entspricht etwa 1,013 bar, und das heißt: Auf jedem Quadratzentimeter lastet eine Kraft von etwa 10 Newton, das entspricht einer Masse von einem Kilogramm. Oder anders gesagt: Auf einem Quadratmeter lasten 10 Tonnen Luft!

Dass wir davon nicht erdrückt werden, liegt nur daran, dass dieser Druck auch in unserem Körper herrscht und eine entsprechende Gegenkraft erzeugt.

Jetzt haben wir eigentlich alle Angaben, um zu berechnen, wie hoch Niklas seine Limonade saugen kann (wir nehmen an, dass Limonade dieselbe Dichte hat wie Wasser): Draußen herrscht ein Luftdruck p_l von 10,13 N/cm². Im Strohhalm herrscht ein kleinerer Druck p_s, der von oben auf die Wassersäule drückt. Da ein Kubikzentimeter Wasser ein Gramm wiegt und daher eine Gewichtskraft von 0,0098 Newton erzeugt, ist der Druck der Wassersäule $p_w = h \cdot 0{,}0098$ N/cm², wobei h die Höhe in Zentimetern ist.

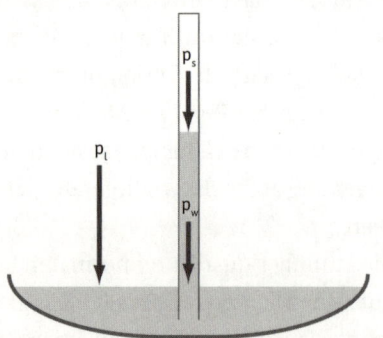

Diese Drücke gleichen sich genau aus:

$$p_w + p_s = p_l$$
$$h \cdot 0{,}0098 + p_s = 10{,}13$$
$$h = \frac{10{,}13 - p_s}{0{,}0098}$$

Man sieht an dieser Gleichung: Je kleiner der Innendruck p_s ist, den Niklas beim Saugen erzeugt, desto größer wird h – der Pegel steigt. Aber selbst wenn der Junge die letzte Luft aus dem Strohhalm saugt und ein perfektes Vakuum erzeugt, also einen Innendruck von null, kann die Säule ein gewisses Maß nicht überschreiten. Dann ist nämlich

$$h = \frac{10{,}13}{0{,}0098} = 1034$$

1034 Zentimeter sind 10,34 Meter – offenbar just unterhalb des Balkongeländers!

Wie sieht es mit der Sangria aus? Alkohol ist leichter als Wasser, hat eine Dichte von 0,79 Gramm pro Kubikzentimeter. Nehmen wir an, die kräftige Sangria hätte 10 Volumenprozent Alkohol, dann hat ein Kubikzentimeter ziemlich genau 0,98 Gramm und wiegt entsprechend auch 2 Prozent weniger als Wasser. Das heißt aber, dass die maximale Saughöhe größer wird, und zwar um ebenfalls 2 Prozent. Es ergibt sich ein Wert von 10,54 Metern – 20 Zentimeter mehr!

Man sieht also, dass ich die Bedingungen der Geschichte ziemlich künstlich konstruiert habe, um Anna den entscheidenden Vorteil zu verschaffen. Hinzu kommt, dass in der Praxis auch diese Saughöhen nicht erreicht werden. Denn ein perfektes Vakuum zu erreichen ist nicht nur für ein Kind unmöglich. Und wenn der Druck unter einen bestimmten Wert fällt (bei Wasser: etwa 0,02 bar), dann verdunstet die Flüssigkeit – die Pumpe saugt nur noch Gas an, der Pegel steigt nicht weiter.

Die Kräfte, die das Gewicht des Luftozeans auf uns ausübt, sind schon beeindruckend – umso mehr gilt das, wenn man sich unter Wasser begibt. So mancher Hobbyschnorchler hat sich schon gewünscht, dass sein Atemrohr etwas länger wäre, um tiefer unter die Oberfläche tauchen und immer noch atmen zu können. Aber es hat seinen Grund, dass die Schnorchel so kurz sind. Stellen wir uns vor, es gäbe Schnorchel von einem Meter Länge. Ein Taucher taucht einen Meter unter der Wasseroberfläche, sein Umgebungsdruck entspricht dem Luftdruck plus einer Wassersäule von einem Meter – und die entspricht dem Gewicht von 100 Gramm Wasser pro Quadratzentimeter oder einem Newton. Seine Lunge dagegen ist über den Schnorchel mit der Luft verbunden und hat deshalb nur einen gewöhnlichen Luftdruck. Dieser Unterschied mag klein aussehen, aber über die Fläche des Brustkorbs summiert er sich: Nehmen wir an, das seien 30 mal 30 Zentimeter, dann lastet darauf eine Überdruckkraft von 900 Newton – das ist so, als säße einem ein 90-Kilo-Mann auf der Brust! Dagegen anzuatmen ist fast unmöglich. In zwei Meter Tiefe könnte der Druck durchaus tödlich sein. Deshalb braucht man für größere Tauchtiefen Atemgeräte, die die Luft mit Überdruck in die Lungen pressen.

Heute haben wir keine Angst mehr vorm Vakuum, Englisch sprechende Menschen nennen ihren Staubsauger *vacuum cleaner*, wir verpacken Lebensmittel in Vakuum, und wir wundern uns auch nicht, dass wir durch eine gläserne Vakuumröhre, in der ja praktisch nichts ist, trotzdem hindurchsehen können – weil das Licht, im Gegensatz etwa zum Schall, kein Medium braucht, um sich auszubreiten. So mutet es fast wie Ironie an, dass die Physiker in den letzten hundert Jahren zu dem Schluss gekommen sind, ein perfektes Vakuum könne es nicht geben. Aus Heisenbergs Unschärferelation folgt, dass auch in einem Stück Raum, in dem es keine Teilchen und keine Strahlung gibt, immer wieder spontan Elementarteilchen entstehen und vergehen. Nullpunktenergie nennt sich dieses Grundrauschen der Materie, und es gibt sogar Tüftler, die diese Energie nutzen wollen. Das wäre ein veritables Perpetuum mobile (siehe Kapitel 6), und die Mainstream-Physik ist da doch eher skeptisch. Tatsache ist aber, dass die Natur offenbar wirklich einen Horror vor der absoluten Leere hat.

Jetzt sind Sie dran: Wenn man einen Bierdeckel mit der Hand auf ein vollständig mit Wasser gefülltes Glas drückt, das Glas umdreht und dann die Hand wegnimmt, dann bleibt der Deckel (meistens) an seiner Stelle, und kein Wasser fließt heraus. Woran liegt das? Und funktioniert die Sache auch, wenn das Glas nur halb voll ist?

10 Am Äquator

oder

Der Trick mit dem Wasserstrudel

Meine erste von mittlerweile über 650 «Stimmt's?»-Kolumnen in der *Zeit* beschäftigte sich 1997 mit der Frage: Dreht sich der Strudel in der Badewanne beim Ablassen des Wassers auf der Südhalbkugel andersherum als auf der Nordhalbkugel? Die Frage beschäftigt noch immer viele Leserinnen und Leser, und mein entschiedenes «Nein!» von damals wird immer wieder angezweifelt. Unter anderem mit dem Einwand: Wir waren im Urlaub am Äquator, und da hat ein Einheimischer uns demonstriert, dass das Wasser ein paar Meter nördlich von dieser Linie andersherum abläuft als ein paar Meter südlich. Und wenn man genau auf dem Äquator steht, dreht sich gar nichts. Und oft krönt der trickreiche Künstler seine Darbietung noch damit, dass er mitten auf dem Äquator ein Ei auf einer Nagelspitze balanciert, was angeblich sonst nirgendwo auf der Erde funktioniert.

Es geht um den geheimnisvollen Coriolis-Effekt, auch Coriolis-Kraft genannt, der für alle möglichen Phänomene verantwortlich gemacht wird. Auch der britische Komiker Michael Palin, bekannt aus der *Monty-Python*-Reihe, ging einem solchen Trickser auf den Leim. In seiner Dokumentationsreihe *Pole to Pole*, einer Reise vom Nord- zum Südpol, trifft er in dem kenianischen Dorf Nanyuki auf einen gewissen Peter McLeary. Der demonstriert in einer verlassenen Bar, durch die angeblich der Äquator verläuft, Touristen – gegen ein angemessenes Trinkgeld –, was es mit dem Coriolis-Effekt auf sich hat. Leary benutzt dazu eine Schüssel mit Wasser, auf dessen Oberfläche ein paar Streichhölzer schwimmen. Er geht ein paar Schritte Richtung Norden weg vom Äquator und sagt dann: «Wenn Sie ein Waschbecken auf der nördlichen Seite des Äquators ablaufen lassen, dann werden Sie sehen, dass sich das Wasser immer im Uhrzeigersinn dreht.» Und tatsächlich, wenn er das kleine Abflussloch seiner Schüssel öffnet, dann beginnen die Streichhölzer auf der Wasseroberfläche im Uhrzeigersinn zu rotieren. Was erstaunlich ist, denn wie wir später sehen werden, müsste die Coriolis-Kraft eigentlich für eine Drehung *gegen* den Uhrzeigersinn sorgen!

«Dieses Phänomen wird durch die Erddrehung erzeugt», erklärt McLeary. «Der Effekt wird stärker, je weiter man sich nach Norden oder Süden begibt, und wird schwächer, je näher man der Linie ist.»

Dann quert McLeary den Äquator, bleibt zehn Schritte südlich der Linie stehen und demonstriert, dass sich das Wasser jetzt gegen den Uhrzeigersinn dreht. Und schließlich zeigt er direkt auf dem Breitengrad, wie das Wasser gerade nach unten abläuft.

«Es funktioniert!», ruft Michael Palin erfreut aus – und lässt das leider so stehen.

Hier ist eine Anleitung, wie Sie sich ein bisschen Geld dazuverdienen können, wenn es Sie in die Nähe des Äquators verschlägt (ich verdanke sie der Website *Bad Coriolis* von Alistair Fraser):

Zunächst einmal brauchen Sie natürlich einen Äquator. Es muss nicht der echte sein, das Experiment funktioniert auch in Hamburg oder Sydney. Postieren Sie das Publikum so, dass auf der linken Seite Norden ist und auf der rechten Seite Süden.

Als Requisiten brauchen Sie eine möglichst quadratische Schüssel mit Wasser (damit funktioniert es besser als mit einer runden), in deren Boden Sie ein kleines Loch machen – das soll möglichst nur einen halben Zentimeter Durchmesser haben, damit das Wasser schön langsam fließt! Ein Stöpsel ist nicht nötig, halten Sie das Loch einfach mit einem Finger zu und öffnen Sie es bei Bedarf. Dann brauchen Sie noch ein paar Streichhölzer, Blumenblüten oder Pfeffer aus einem Pfefferstreuer – halt irgendetwas Schwimmendes, mit dem man die Strudelrichtung deutlich machen kann.

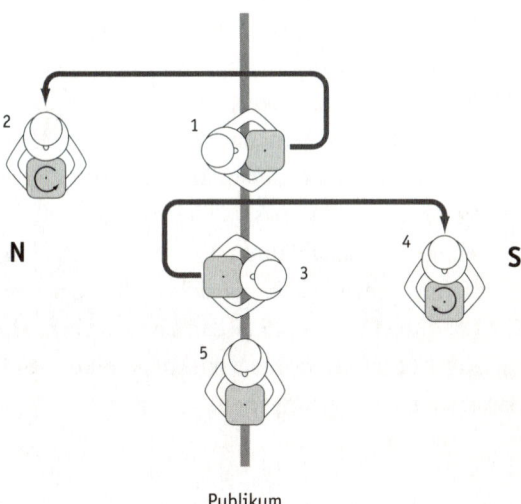

Publikum

1. Stellen Sie sich so hin, dass Sie nach Süden schauen, und erklären Sie Ihrem Publikum den Versuch. Dann machen Sie eine scharfe Linksdrehung (natürlich nicht so scharf, dass es unnatürlich aussieht oder Wasser verschüttet wird), gehen ein paar Schritte Richtung Norden, drehen sich noch einmal links herum, sodass Sie wieder Ihr Publikum anschauen.
2. Die beiden scharfen Linksdrehungen sollten das Wasser nun in eine leichte Rotation gegen den Uhrzeigersinn versetzt haben. Nehmen Sie den Finger vom Abfluss, jetzt sollten sich die Schwimmkörper entsprechend drehen!

3. Gehen Sie langsam wieder zum Äquator – das Wasser muss sich ja beruhigen – und stellen Sie sich diesmal so auf, dass Sie nach Norden schauen. Alle Bewegungen sollten spontan und natürlich wirken! Jetzt läuft alles spiegelverkehrt ab: Rechtsdrehung, ein paar Schritte Richtung Süden, Rechtsdrehung, sodass Sie wieder Ihr Publikum anschauen.

4. Jetzt sollte das Wasser genügend Schwung mitbekommen haben, um sich mit dem Uhrzeigersinn zu drehen.

5. Der letzte Teil ist der schwierigste. Aber Sie können dem Publikum ja auch ruhig erklären, dass es eine Weile dauert, bis sich das Wasser beruhigt hat. Gehen Sie ohne ruckartige Bewegungen in die Mitte des Raumes, stellen Sie sich auf den Äquator und lassen das Wasser ablaufen. Wenn Ihr Loch klein genug ist, dauert es eine ganze Weile, bis sich mehr oder weniger zufällig eine Drehung herausbildet – dann haben Sie das Experiment schon längst beendet, sonnen sich im Applaus des Publikums und lassen den Hut herumgehen.

Die Coriolis-Kraft: eine Frage des Standpunkts

Um die Coriolis-Kraft ranken sich viele Geschichten und Gerüchte. Schon die Diskussion, ob es eine «richtige» Kraft ist oder nur eine «Scheinkraft», kann Physiker stundenlang beschäftigen. Diese Diskussion soll uns hier nicht weiter beschäftigen – für uns auf der Erde ist die Kraft äußerst real, da sie Massen von ihrer geraden Bahn abbringt.

Die Coriolis-Kraft taucht auf, weil die Erde ein rotierendes System ist, das wir aber in unserem Alltag als ein fest stehendes betrachten. Wir haben uns ja nach Einstein inzwischen daran gewöhnt, dass alles irgendwie relativ ist und man praktisch jeden Punkt als den Mittelpunkt der Welt ansehen kann – aber das gilt nur für sogenannte Inertialsysteme (siehe Kapitel 8). Das sind Systeme, auf die keine Kraft wirkt, sie befinden sich entweder in Ruhe (wie es ein Beobachter in dem System ausdrücken würde) oder in einer gleichförmigen, geradlinigen Bewegung (wie es vielleicht ein Beobachter in einem anderen System sieht).

Das Problem mit uns Erdenbewohnern ist: Für uns steht die Erde zwar still, und früher wurde sie ja tatsächlich als das Zentrum der Welt angesehen, und man beschrieb die Bahnen der Planeten mit komplizierten mathematischen Formeln. Aber die rotierende, sich um die Sonne bewegende Erde ist *kein* Inertialsystem. Sie wird nur auf ihrer Bahn gehalten, weil ständig die Schwerkraft der Sonne auf sie wirkt, und auch ein Körper auf der Erde dreht sich nur deshalb einmal am Tag um die Erdachse, weil Kräfte auf ihn wirken. Als Inertialsystem können wir allenfalls unser gesamtes Sonnensystem betrachten, unter Vernachlässigung der Kräfte, die wiederum innerhalb der Galaxis auf die Sonne wirken.

Während die Umrechnung von Koordinaten zwischen zwei Inertialsystemen ziemlich einfach ist, solange die relative Geschwindigkeit nicht allzu groß ist, ist es gar nicht so leicht, die Koordinaten eines rotierenden Systems wie der Erde mit denen des umliegenden Raums in Einklang zu bringen.

Fangen wir in zwei Dimensionen an und betrachten eine rotierende Scheibe. Sie zeigt das Bild der Erde, wie es sich einem Betrachter über dem Nordpol bietet, nur als Dekor – die Scheibe möge ganz flach sein. Am Rand, auf der 12-Uhr-Position (auf dem Dekor ist das ein Punkt auf dem Äquator der Erde), steht ein Mann und wirft einen Ball in Richtung Nordpol. Reibung und Luftwiderstand werden dabei vernachlässigt, und wir nehmen auch an, dass der Ball (anders als in der Realität) mit einer konstanten Geschwindigkeit fliegt. Die Scheibe dreht sich gegen den Uhrzeigersinn, und sie soll für eine Vierteldrehung genauso viel Zeit brauchen wie der Ball für die Entfernung vom Äquator zum Nordpol.

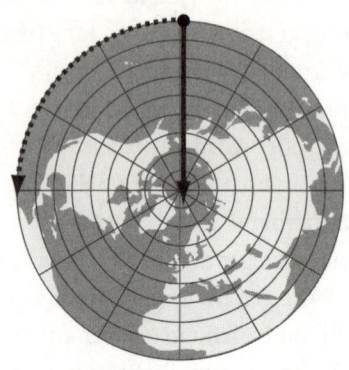

Für den im All schwebenden Beobachter stellt sich die Sache ganz einfach dar: Der Ball fliegt in einer geraden Linie vom Äquator zum Pol. Während des Fluges dreht sich unter ihm die Scheibe weiter, und wenn der Ball sein Ziel erreicht, ist der Werfer auf der 9-Uhr-Position angekommen. Keine physikalische Sensation.

Aber wie stellt sich die Situation für den Werfer auf der Scheibe dar? Auch er sieht den Ball zum Nordpol fliegen und dort ankommen. Aber der Ball fliegt für ihn nicht auf einer geraden Linie – er beschreibt eine ständige Rechtskurve. Und deshalb schließt der Beobachter messerscharf, dass dort eine Kraft am Werk sein muss, die den Ball von seiner geraden Bahn ablenkt. Der Beobachter im All dagegen würde bestreiten, dass eine Kraft die Bahn des Balls beeinflusst – daher der Ausdruck «Scheinkraft», obwohl auf der Scheibe die Wirkungen dieser Kraft sehr real sind.

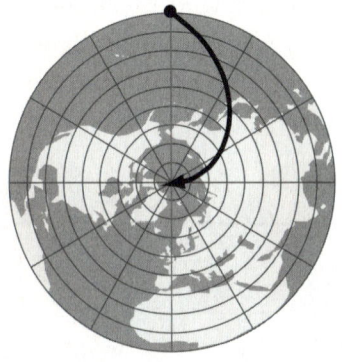

Was passiert, wenn der Werfer am Nordpol steht und den Ball in Richtung der 12-Uhr-Position auf dem Äquator wirft? Dann wird er sein Ziel verfehlen, wenn er nicht vorher scharf nachdenkt. Denn die Scheibe dreht sich unter ihm weg, und der Ball landet auf der Position, die sich vorher bei 3 Uhr befunden hat.

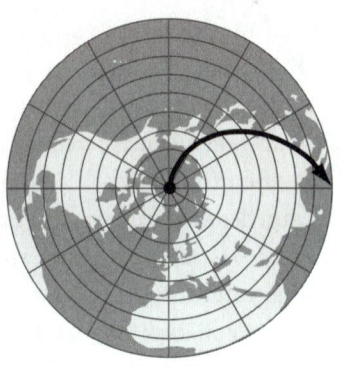

Und was passiert auf der Scheibe, wenn der Ball nicht in einer radialen Richtung geworfen wird? Stellen wir uns den Werfer auf halbem Weg zwischen Nordpol und Äquator vor, und er wirft den Ball nach rechts, auf der Landkarte also nach Osten.

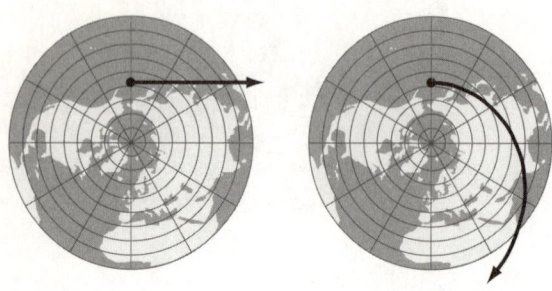

Der Ball fliegt für den außenstehenden Beobachter nach rechts über den Rand der Scheibe hinaus. Für den Werfer auf der Scheibe beschreibt er eine langgezogene Rechtskurve, bevor er die Scheibe verlässt.

Daran, dass der Ball in diesem Beispiel über die Scheibe hinausfliegt, sieht man schon, dass wir es hier mit keinem realistischen Modell der Erdkugel zu tun haben. Die Scheibe ist flach, und es herrschen keinerlei Kräfte, insbesondere keine Gravitation. Trotzdem kann man als Prinzip schon einmal festhalten: Auf einer rotierenden Scheibe, die sich gegen den Uhrzeigersinn dreht, werden alle gleichförmig bewegten Objekte nach rechts abgelenkt – egal, ob sie sich vom Zentrum der Rotation weg- oder zum Zentrum hinbewegen.

Wie sieht die Sache nun im Fall einer rotierenden Kugel wie der Erde aus? Da kommt zunächst einmal die dritte Dimension ins Spiel, und zudem die Schwerkraft. Wir können der Einfachheit halber davon ausgehen, dass Massen, die sich auf der Erdoberfläche bewegen, durch die Gravitation an die Oberfläche «gefesselt» werden – sie werden also ständig von einer geradlinigen Bahn auf eine gekrümmte Bahn gezwungen. Bewegt sich zum Beispiel eine Masse auf dem Äquator in Richtung des Äquators, dann fliegt sie nicht tangential davon – wie es im Scheibenmodell geschehen würde –, sondern folgt der Erdkrümmung auf einer gebogenen Bahn. Das war es aber auch schon – eine Coriolis-Kraft wirkt in diesem Fall nicht.

Massen, die sich vom Äquator in Richtung Pol bewegen oder umgekehrt, kann man im Prinzip genauso behandeln wie das Scheibenmodell: Wir schauen ja sozusagen von oben auf sie drauf, sehen also die Krümmung zur Erde hin nicht, und die Ablenkung ist dieselbe – immer eine Abweichung nach rechts.

Die kniffligste Situation auf dem Globus ist die einer Ost-West-Bewegung, die nicht am Äquator ihren Ausgangspunkt hat. Manche Leute meinen, dass hier keine Coriolis-Kraft zum Tragen käme, sondern die Masse sich geradeaus bewegen würde, einem Breitengrad folgend. Die Erddrehung würde ja gerade in Richtung dieser Bewegung verlaufen, sie also nicht nach rechts oder links ablenken.

Der Trugschluss in dieser Überlegung wird klar, wenn wir uns für einen Moment vorstellen, die Erdrotation würde abgestellt. Nord- und Südpol sind jetzt also keine besonderen Punkte mehr auf dem Globus. In welche Richtung würde sich eine Masse, zum Beispiel eine Wolke, bewegen, die man von Berlin in Richtung Westen anschubst? Die Wolke würde eben nicht einem Breitenkreis folgen und immer auf 52 Grad nördlicher Breite bleiben. Nein, sie würde dasselbe machen wie eine Masse, die vom Pol Richtung Äquator oder umgekehrt geschoben wird, und einem sogenannten Großkreis folgen, einem Kreis mit dem Erdmittelpunkt als Zentrum. Das heißt, ihre Richtung wäre zunächst strikt westlich, dann aber würde sie sich nach Süden wenden und irgendwann den Äquator überqueren.

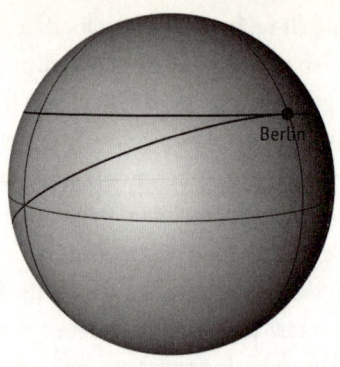

Auf einer ebenen Landkarte sähe die Bahn tatsächlich gebogen aus, aber auf der Kugel ist sie das Geradeste, was man sich vorstellen kann. Deshalb fliegen zum Beispiel Verkehrsflugzeuge von Europa nach Amerika meist eine nördliche Route, die über Island und Grönland führt. Das wäre genau die Richtung, in die man eine ballistisch fliegende Rakete abschießen würde, die Amerika erreichen soll. Und es hat nichts mit der Abflachung der Erde an den Polen zu tun – Großkreise sind die kürzesten Verbindungen zwischen zwei Punkten auf einer Kugel, und sie entsprechen den Geraden in der Ebene.

Außer am Äquator gibt es also auf der Erde keine «geradlinige» Ost-West-Bewegung! Wenn die Wolke sich aber nicht in Ost-West-Richtung bewegt, dann ist sie auch wieder vom Coriolis-Effekt betroffen, sobald man die Erdrotation wieder anwirft. Gegenüber der Bewegung auf dem Großkreis ergibt sich eine Ablenkung – und die ist auf der Nordhalbkugel stets eine Ablenkung nach rechts und auf der Südhalbkugel eine Ablenkung nach links.

Am deutlichsten kann man die Auswirkungen der Coriolis-Kraft an Wetterphänomenen studieren, vor allem an Hoch- und Tiefdruckgebieten. Man kann sogar sagen, dass es ohne die Coriolis-Kraft kein Wetter auf unserem Planeten gäbe, wie wir es kennen. Wenn irgendwo auf der Erde Druckunterschiede entstehen, etwa weil sich an einer Stelle durch die Sonneneinstrahlung die Luft stark aufgeheizt hat, dann strömt die Luft von den Gebieten mit hohem Druck zu denen mit niedrigem Druck – nichts anderes ist ja Wind. Gäbe es die Ablenkung durch die Coriolis-Kraft nicht, dann würde die Luft direkt und relativ unspektakulär vom Hochdruck- zum Tiefdruckgebiet fließen. Weil sie aber abgelenkt wird, entstehen die spektakulären Wirbel, die wir von der Wetterkarte kennen.

Der Luftstrom wird auf der Nordhalbkugel immer nach rechts abgelenkt, also dreht sich der Wirbel um ein Tiefdruckgebiet im Uhrzeigersinn – korrekt? Vorsicht, es ist genau andersherum: Die Luft verfehlt das Zentrum des Tiefs leicht auf der rechten Seite, wird dann aber vom Sog des niedrigen Drucks weiter angezogen und macht deshalb eine Kurve nach links. Auf der Südhalbkugel ist es genau andersherum.

Und was ist nun mit dem Badewannenstrudel? Die Coriolis-Kraft wirkt zwar auch auf das Wasser im Waschbecken. Aber das Waschbecken ist so klein und die Geschwindigkeit der Wasserbewegungen beim Abfließen so gering, dass der Effekt einfach gegenüber allen möglichen anderen Faktoren, die die Bewegung des Wassers beeinflussen, nicht ins Gewicht fällt: Wirbel, die beim Befüllen des Beckens entstehen oder von der Form des Behälters erzeugt werden, und eben auch die Drehungen, die der Trickser in den Demonstrationen am Äquator macht.

Auch wenn sich das physikalisch berechnen lässt – die Geschichte ist einfach nicht auszurotten. Einmal bekam ich einen Anruf von einer Mitarbeiterin der *Sendung mit der Maus*: «Herr Drösser, tun Sie was – der Armin will gerade vor laufender Kamera erzählen, dass sich der Wasserstrudel auf der Südhalbkugel andersherum dreht!» «Der Armin» ist Armin Maiwald, der schon mehrere Generationen von Kindern mit seiner Wissensschau begeistert hat, aber im Fall des Badewannenstrudels zeigte er sich beratungsresistent: Er habe eine Weile in Australien gelebt, erzählte die Kollegin, und sei felsenfest davon überzeugt, dass aufgrund des Coriolis-Effekts dort das Wasser andersherum ablaufe als bei uns.

Ich schlug der Redaktion einen einfachen Test vor, für den man gar nicht nach Australien reisen müsste: Wenn man einfach die Kinder zu Hause auffordern würde, den Test mit allen möglichen Wannen und Waschbecken zu machen, dann müsste nach Armins Meinung ja die überwiegende Mehrheit der Strudel sich gegen den Uhrzeigersinn drehen. Wenn die Sache nichts mit der geographischen Lage zu tun hätte, würde sich dagegen eine einigermaßen ausgeglichene Verteilung ergeben.

Die *Sendung mit der Maus* lehnte die Sache ab, weil die Auswertung der Zuschauerpost zu viel Arbeit machen würde. Ich habe das dann selbst einmal in kleinerem Rahmen im Radioprogramm von Radio Eins gemacht – und es drehten sich 248 Strudel im Uhrzeigersinn, 204 in die «korrekte» andere Richtung.

In unserem alltäglichen Waschbecken spielt der Coriolis-

Effekt also keine Rolle. Trotzdem haben Wissenschaftler versucht, ihn auch in Wasserbecken zu reproduzieren – und damit Erfolg gehabt, glaubt man einem Bericht, der 1962 in der Zeitschrift *Nature* erschien. Der Meteorologe Ascher Shapiro hatte das Experiment gemacht – mit einem exakt kreisrunden Becken von 180 Zentimeter Durchmesser, das einen völlig ebenen Boden hatte. Das Abflussloch lag genau in der Mitte und war so klein, dass die Entleerung 20 Minuten dauerte. Nach der Füllung ließen die Forscher das Wasser 24 Stunden ruhen, damit die Eigenbewegungen zum Stillstand kamen. Shapiro selbst rechnet vor, dass die Coriolis-Kraft in diesem Experiment nur etwa drei Zehnmillionstel der Schwerkraft ausmacht, die auf das Wasser wirkt – trotzdem konnte er berichten, dass sich das Wasser in seinem «Waschbecken» zuverlässig gegen den Uhrzeigersinn zu drehen begann. Drei Jahre später konnten australische Forscher mit einem identischen Versuchsaufbau eine Drehung *mit* dem Uhrzeigersinn nachweisen.

Aber das waren sehr kontrollierte wissenschaftliche Bedingungen. Wenn Sie das nächste Mal in äquatoriale Regionen reisen und einer Coriolis-Show beiwohnen können, seien Sie sicher: Die Sache ist ebenso ein Trick wie das auf dem Äquator balancierte Ei.

Jetzt sind Sie dran: Im Winter sind die Tage kürzer als im Sommer – überall auf der Erde, außer am Äquator, dort sind alle Tage gleich lang. Was aber gilt für die Länge der Dämmerung, egal wo man sich auf dem Globus befindet?

a) Die Dämmerung ist im Winter am kürzesten.

b) Die Dämmerung ist im Sommer am kürzesten.

c) Die Dämmerung ist am Frühlings- und Herbstanfang am kürzesten.

11 Im Kinderzimmer

oder

(Un)gesundes Halbwissen

Matthias Wortmann ärgert sich. Ausgerechnet auf Mittwochnachmittag musste seine Frau ihren Arzttermin legen, und nun hat er Kinderdienst. Sein siebenjähriger Sohn Leon hat die Hausaufgaben erledigt und bastelt an seinem Lego-Space-Shuttle herum.

Im Hause Wortmann sind die Rollen klar verteilt: Der Mann schafft das Geld heran – als freier Investment-Berater –, die Frau kümmert sich um den Haushalt und das gemeinsame Kind. Sein Büro hat er zwar praktischerweise in der geräumigen Eigentumswohnung eingerichtet, aber die Tür ist eine Brandmauer gegen das Familienleben. Acht Stunden am Tag darf der Papa nicht gestört werden, zumindest von Montag bis Freitag. Aber heute schiebt Wortmann Dienst im Kinderzimmer.

Er sitzt in der Ecke, ein wenig krumm auf dem Kinderplastikstuhl. In der rechten Hand hält er das Blackberry, seine Nabelschnur zur Geschäftswelt, alle paar Minuten macht dieses mit einem Piepen darauf aufmerksam, dass eine neue E-Mail eingetroffen ist. Außerdem wollen die Aktienkurse ja live verfolgt werden.

Der Sohn singt vor sich hin, konzentriert schaut er auf die Bauanleitung, so ein Modell erfordert die ganze Aufmerksamkeit. Dann wendet er sich an seinen Vater.

«Papa, darf ich dich was fragen?»

«Jaaa ...» Der Vater antwortet mit einer gewissen Verzögerung, eine Mail hat ihn völlig absorbiert.

«Wieso ist es im Sommer wärmer als im Winter?»

Der Vater legt das Blackberry zur Seite. «Das ist eigentlich ganz einfach», antwortet er, stolz darauf, wieder einmal zur Bildung seines Sprosses beitragen zu können. «Die Erde dreht sich um die Sonne, das weißt du ja schon. Allerdings läuft sie dabei nicht auf einer Kreisbahn, sondern auf einer sogenannten Ellipse, einer eiförmigen Kurve. Das hat ein gewisser Johannes Kepler herausgefunden.» Wortmann ist selbst überrascht darüber, dass ihm der Name so spontan eingefallen ist. «Und die Sonne steht nicht im Zentrum dieser Ellipse, sondern ein bisschen versetzt. Und deshalb ist die Erde mal näher dran an der Sonne und mal weiter entfernt. Wenn sie weit weg ist, ist Winter, und wenn sie nahe dran ist, ist Sommer.»

«Aha.» Leon scheint mit der Antwort zufrieden zu sein. Er setzt den letzten Stein in sein Shuttle-Modell ein, greift den Flieger und lässt ihn durch den Raum segeln, während er mit dem Mund Motorengeräusche macht. Dann lässt er das Shuttle sanft wieder auf dem Teppich landen.

«Darf ich dich noch was fragen?»

«Klar!», antwortet Wortmann. So ein Vater-und-Sohn-Nachmittag kann doch ganz interessant sein!

«Wieso fliegen die Astronauten in der Raumstation schwerelos herum?» Große Kinderaugen blicken auf den allwissenden Vater.

«Die Schwerkraft, mein Sohn», holt Wortmann aus, «entsteht, wie du weißt, durch die Anziehung der Erde. Und die nimmt erstaunlich schnell ab, je weiter man von der Oberfläche weg ist. ‹Mit dem Quadrat der Entfernung›, sagt man auch wissenschaftlich. Und deshalb ist schon in ein paar tausend Kilometern nichts mehr von ihr zu spüren.»

«Wirklich nicht? Auch nicht ein bisschen?»

«Nee, siehst du ja, wenn du die Fernsehaufnahmen aus dem All anguckst!», wehrt der Vater jeden Zweifel ab.

Leon lässt sein Space-Shuttle nochmal senkrecht starten, in den eingebildeten Weltraum fliegen und dann behutsam wie ein Segelflugzeug wieder zu Boden gleiten. Der Vater tippt währenddessen mit zwei Daumen eine Nachricht an einen Kunden in sein Smartphone.

«Papa?»

Jetzt ist Wortmann doch ein bisschen genervt von der Unterbrechung. Außerdem ist er sich nicht mehr so ganz sicher, ob seine Erklärung der Schwerelosigkeit wirklich richtig war. Wie hoch fliegt diese Raumstation eigentlich? Aber das Kind scheint die Antwort akzeptiert zu haben, und man soll ja nicht die eigene Autorität untergraben. «Ja-ha?»

«Eine Frage noch, dann darfst du wieder arbeiten», sagt der Sohn. «Wenn das Shuttle wieder zur Erde runterkommt, dann fliegt es wie ein Segelflugzeug. Dabei hat es doch so kurze Stummelflügel. Wie funktioniert das? Wieso fällt ein Flugzeug nicht vom Himmel, es ist doch viel schwerer als Luft?»

«Oh, das ist kompliziert», antwortet der Vater. Jetzt muss er glatt ein bisschen grübeln. Wie war das noch mit dem Luftdruck? Da war doch dieser holländische Physiker ... richtig: Bernoulli!

Wortmann legt das Blackberry zur Seite und greift sich den Zeichenblock seines Sohnes und einen Filzstift. «Also – du hast recht, ein Flugzeug ist schwerer als Luft, also die Dichte ist größer, und deshalb muss eine Kraft es in der Luft halten. Und diese Kraft entsteht nach dem sogenannten Bernoulli-Prinzip!»

Er malt mit ein paar Strichen das Profil eines Flugzeugflügels auf das Zeichenblatt.

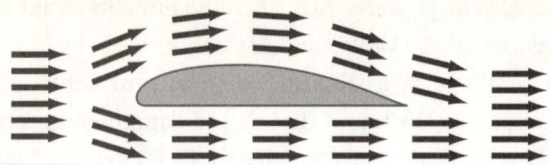

«Ein Flugzeugflügel besteht ja nicht aus einer Lego-Platte mit Noppen, sondern er hat ein Profil. Wenn man ihn durchschneidet, sieht er etwa so aus: Oben ist er gebogen, unten flach. Das heißt, die Luft, die über den Flügel geht, muss einen längeren Weg zurücklegen als die Luft, die unten entlangströmt. Damit die Ströme hinten wieder zusammenkommen, muss die obere Luft schneller strömen. Und dieser Bernoulli hat entdeckt, dass der Luftdruck umso kleiner wird, je schneller die Luft ist. Also herrscht unten mehr Druck als oben, und dieser Druck hält das Flugzeug in der Luft.»

«Tatsächlich?», fragt Leon. «So ein bisschen Luft trägt das ganze schwere Flugzeug?»

«Genau, klingt verrückt, oder?», sagt der Vater. «Deshalb haben es die Leute auch zuerst für ein Wunder gehalten.»

Matthias Wortmann ist richtig zufrieden mit dem heutigen Tag, auch wenn er ein paar Telefonate weniger führen konnte. Der Sohn braucht halt doch den Vater, denkt er sich. Seine Frau hätte diese komplizierten physikalischen Fragen bestimmt nicht so präzise und doch kindgerecht beantworten können.

Der Sohn hat sich wieder seinem Lego-Modell zugewandt und lässt das Shuttle noch ein paar Runden drehen. Der Vater lässt wieder die Daumen über die Blackberry-Tastatur fliegen.

«Papa?»

«Ja, mein Sohn?», fragt Wortmann geduldig. Was jetzt wohl kommt? Relativitätstheorie?

«Woher weiß die Luft über dem Flügel, dass sie schneller fliegen muss, um die untere Luft einzuholen?»

Da fällt dem Vater nicht mehr viel ein. «Ach, Leon», sagt er, «du kannst einem aber auch wirklich Löcher in den Bauch fragen. Das ist eben so!»

Newton gegen Bernoulli

Es geht doch nichts über ein gesundes Halbwissen. Vater Wortmann hat in seine Antworten auf die Fragen, mit denen Leon ihn geplagt hat, zwar einiges an physikalischem Wortgeklingel hineingepackt – aber falsch sind sie alle!

Auf die Sache mit den Jahreszeiten will ich nicht näher eingehen – das können Sie selbst beantworten, oder? Dass mit der Erklärung etwas nicht stimmt, konnte man bei der letzten Fußball-WM sehen: In unserem Sommer war in Südafrika kalter Winter. Tatsächlich sind wir der Sonne in unserem Winter sogar näher als im Sommer, dieser Abstand hat aber mit den Jahreszeiten überhaupt nichts zu tun. Die wahre Ursache ist die Schrägstellung der Erdachse.

Was hat es nun mit der Schwerkraft auf der internationalen Raumstation auf sich? Tatsächlich nimmt die Schwerkraft, wie Vater Wortmann richtig sagt, mit dem Quadrat der Entfernung ab.

Was bedeutet das? Auf der Erdoberfläche sind wir etwa 6500 Kilometer vom Erdmittelpunkt, dem Schwerpunkt der Erde, entfernt, hier herrscht die normale Erdbeschleunigung g von etwa 9,8 m/s². An einem Punkt, der x-mal so weit vom Erdmittelpunkt entfernt ist, herrscht eine geringere Beschleunigung g_x, und die berechnet sich so:

$$g_x = g \cdot \frac{1}{x^2}$$

Mit der Formel kann man für verschiedene Entfernungen von der Erde ausrechnen, wie groß die Schwerkraft ist:

Entfernung von der Erde	Faktor x	Schwerkraft im Vergleich zur Erde
10 km	1,001	99,7 %
100 km	1,020	97,0 %
400 km (ISS)	1,060	89,0 %
1000 km	1,150	75,0 %
10 000 km	2,500	16,0 %
100 000 km	16,000	0,4 %

Zwar nimmt die Erdanziehung tatsächlich stark ab – aber die Internationale Raumstation ISS befindet sich in einer Höhe von 400 Kilometern, und da beträgt die Anziehung noch 89 Prozent des Wertes auf der Erde! Sicherlich eine spürbare Erleichterung, aber schweben wird unter diesen Bedingungen niemand.

Auch die Station selbst würde nicht schweben, sondern zurück auf die Erde plumpsen. Deshalb ist sie ja auch nicht stationär am Himmel «aufgehängt», sondern bewegt sich auf einer Umlaufbahn mit konstanter Geschwindigkeit. Diese Geschwindigkeit ist so bemessen, dass die dadurch entstehende Fliehkraft genau die Erdanziehung ausgleicht. Man kann es auch so formulieren: Die Raumstation fällt zwar ständig in Richtung Erde, bewegt sich aber gleichzeitig im rechten Winkel von der Erde weg – sie fällt also «um die Erde herum».

In Zahlen: Die Fliehkraft F einer um die Erde fliegenden Masse berechnet sich aus folgender Gleichung:

$$F = m \cdot \omega^2 \cdot r$$

Dabei ist ω (der griechische Buchstabe Omega) die sogenannte «Winkelgeschwindigkeit». Man misst nicht den Weg, der pro Zeiteinheit zurückgelegt wird, sondern den Winkel im Bogenmaß – eine komplette Umdrehung entspricht dem Wert 2π. Und r ist die Entfernung vom Erdmittelpunkt.

Die Gewichtskraft ist, wie schon mehrmals in diesem Buch berechnet:

$$G = m \cdot g_x$$

Man beachte, dass man hier mit der entsprechend verringerten Erdanziehung rechnen muss!

Setzt man die beiden Kräfte gleich, dann ergibt sich:

$$F = G$$
$$m \cdot \omega^2 \cdot r = m \cdot g_x$$
$$\omega^2 = \frac{g_x}{r}$$

$$\omega = \sqrt{\frac{g_x}{r}} = \sqrt{\frac{0{,}89 \cdot g}{6\,900\,000}} = 0{,}0011$$

Dieses Ergebnis trägt die Einheit «Winkel pro Sekunde» und ist ein ziemlich kleiner Wert. Anschaulicher wird es, wenn man ausrechnet, wie lange die Raumstation für einen Erdumlauf braucht. Dazu dividiert man 2π durch dieses Ergebnis und erhält einen Wert von 5712 Sekunden oder gut eineinhalb Stunden – und das stimmt recht genau mit der tatsächlichen Umlaufbahn der ISS überein.

Jetzt sind Sie dran: Man kann mit derselben Formel auch ausrechnen, wie schnell eine Pistolenkugel hier unten auf der Erde sein müsste, damit sie nicht zu Boden fällt, sondern einmal um die Erde fliegt und den Schützen in den Rücken trifft. Dabei soll der Luftwiderstand vernachlässigt werden!

Vom himmlischen zum irdischen Fluggerät: Was ist mit der Erklärung, warum ein Flugzeug fliegt? Da Vater Wortmann den Physiker Bernoulli bemüht hat, erst einmal ein paar Worte zu dessen Entdeckung.

Daniel Bernoulli beschäftigte sich im 18. Jahrhundert mit strömenden Flüssigkeiten und Gasen – ein für die damalige Zeit sehr komplexes physikalisches Problem. Und nicht alle Ergebnisse entsprechen unserer Intuition: Seine wichtigste Entdeckung, die Bernoulli-Gleichung, sagt nämlich, dass bei höherer Strömungsgeschwindigkeit der Druck in einem strömenden Medium sinkt und nicht steigt, wie man vielleicht vermuten könnte. Schließlich spürt man doch, wenn man einen Wasserhahn weiter aufdreht, mehr Druck auf der Hand, oder?

Betrachten wir Wasser, das durch ein Rohr mit einem gewissen

Querschnitt fließt. Nun wird das Rohr an einer Stelle dünner. Wie verhält sich das Wasser?

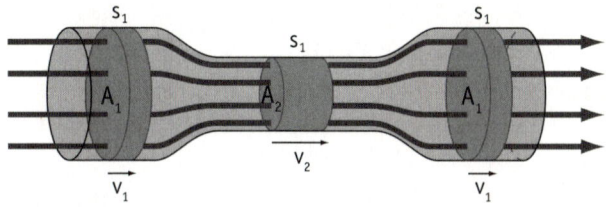

Eine gewisse scheibenförmige Menge Wasser mit dem Volumen V kommt von links und muss durch den Engpass. Von hinten drückt ständig neues Wasser, und Flüssigkeiten sind praktisch nicht komprimierbar. Das Scheibchen kann also nicht einfach kleiner werden, es muss sich in die Länge ziehen, statt der Länge s_1 hat es nun die Länge s_2. Damit aber trotzdem dieselbe Menge Wasser in derselben Zeiteinheit das Rohr passiert, müssen die einzelnen Wasserteilchen schneller werden! Die Fließgeschwindigkeit im Engpass, v_2, ist also entsprechend höher als die Ausgangsgeschwindigkeit v_1.

Das kann man auch präzise in Formeln ausdrücken. Das Volumen des Scheibchens bleibt gleich, also ist

$$A_1 \cdot s_1 = A_2 \cdot s_2$$

Die Fließgeschwindigkeiten sind $v_1 = s_1/t$ und $v_2 = s_2/t$. Also ist

$$A_1 \cdot v_1 \cdot t = A_2 \cdot v_2 \cdot t$$

Ein bisschen umstellen, und es gilt

$$\frac{v_1}{v_2} = \frac{A_2}{A_1}$$

Die Geschwindigkeit wird also in dem Maße größer, wie der Querschnitt des Rohrs abnimmt.

Aber damit die Teilchen beschleunigt werden, brauchen sie Energie. Und die gibt es nicht umsonst – die einzige Quelle dafür ist der Druck, der in der Flüssigkeit herrscht. Und das bedeutet: In dem Engpass hat das fließende Wasser einen geringeren Druck als dort, wo das Rohr dicker ist.

Wem das zu schwammig ist, hier die Erklärung in Formeln:

Im Wasser herrscht ein Druck, dessen Kraft in alle Richtungen wirkt (der sogenannte statische Druck). Insbesondere muss das Wasser gegen diese Druckkraft bewegt werden, dazu muss Arbeit geleistet werden, Kraft mal Weg:

$$W_1 = F_1 \cdot s_1$$
$$W_2 = F_2 \cdot s_2$$

Die Kräfte ergeben sich aber aus dem jeweiligen statischen Druck mal der Querschnittsfläche (siehe Kapitel 5 über den Druck in der Wurst):

$$W_1 = A_1 \cdot p_1 \cdot s_1 = V \cdot p_1$$

$$W_2 = A_2 \cdot p_2 \cdot s_2 = V \cdot p_2$$
$$W_1 - W_2 = V \cdot (p_1 - p_2)$$

V ist das konstant bleibende Volumen des Wasserscheibchens. Die Differenz dieser beiden Energien ist die kinetische Energie, mit der die Wasserteilchen beschleunigt werden können. Die kinetische Energie kennen wir schon aus Kapitel 6 über das Perpetuum mobile, sie berechnet sich aus Masse und Geschwindigkeit:

$$K_1 = \frac{1}{2} \cdot m \cdot v_1^2$$

$$K_2 = \frac{1}{2} \cdot m \cdot v_2^2$$

$$K_2 - K_1 = \frac{1}{2} \cdot m \cdot (v_1^2 - v_2^2)$$

Die beiden Energien können wir gleichsetzen:

$$W_1 - W_2 = K_2 - K_1$$

$$V \cdot (p_1 - p_2) = \frac{1}{2} \cdot m \cdot (v_2^2 - v_1^2)$$

Die Masse des Wasserscheibchens ist aber das Volumen mal der Dichte ϱ:

$$V \cdot (p_1 - p_2) = \frac{1}{2} \cdot V \cdot \varrho \cdot (v_2^2 - v_1^2)$$

$$p_1 - p_2 = \frac{1}{2} \cdot \varrho \cdot (v_2^2 - v_1^2)$$

$$p_1 + \frac{1}{2} \cdot \varrho \cdot v_1^2 = \varrho_2 + \frac{1}{2} \cdot p \cdot v_2^2$$

Der Ausdruck $\frac{1}{2}\varrho \cdot v^2$ wird auch der dynamische Druck genannt – ihn merkt man etwa dann, wenn ein schneller fließender Wasserstrahl mit mehr Wucht auf unseren Körper trifft. Die Gleichung von Bernoulli sagt nun aus, dass die Summe aus statischem und dynamischem Druck immer gleich bleibt!

Kommen wir zurück zu dem Flugzeugflügel und der Frage, woher er seinen Auftrieb bezieht. Vater Wortmann behauptet: Weil die Luft in der gleichen Zeit einen längeren Weg über die Oberseite des Flügels nimmt, muss sie schneller fließen, der Druck wird geringer, und das sorgt für die Auftriebskraft. Mal abgesehen davon, dass die schlaue Frage seines Sohnes damit nicht beantwortet ist, woher die obere Luft denn weiß, dass sie die untere am Ende des Flügels treffen muss: Dieser Auftrieb würde nicht ausreichen, um ein Flugzeug in der Luft zu halten. Ich habe die Rechnung mal aufgemacht: Wenn der Weg über die Oberseite des Flügels 5 Prozent länger ist, dann müsste nach den Bernoulli-Gleichungen ein handelsübliches Piper-Flugzeug mit zehnfacher Schallgeschwindigkeit fliegen, damit der entsprechende Auftrieb die Maschine in der Luft hält!

Wortmanns Erklärung, warum ein Flugzeug fliegt, kann also nicht stimmen – obwohl sie in vielen Kinderbüchern, im Internet und sogar in Lehrbüchern für Physik tausendfach wiederholt wird. Manche greifen daher zu einer anderen Theorie und sagen: Nicht Bernoulli, sondern Newton erklärt, wieso ein Flugzeug fliegt. Genauer gesagt, das Gesetz von *actio* und *reactio*, zu jeder Kraft gibt es eine Gegenkraft (siehe Kapitel 3). Ein Flugzeugflügel, so lautet dieses Argument, liegt ja nicht waagerecht, sondern ist immer ein wenig schräg angestellt, sodass die Luft von unten dagegenprallt. Wie kleine Billardkugeln werden die Luftteilchen von der Tragfläche abgelenkt, und das erzeugt eine entsprechende Kraft nach oben. Jeder kann diese Kraft erfahren, wenn er die Hand aus dem Fenster eines fahrenden Autos hält. Sobald man sie aus der Waagerechten dreht, wird sie vom Fahrtwind schräg nach oben gedrückt.

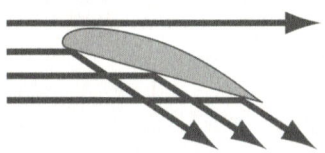

Diese Theorie hat einiges für sich. Die Bernoulli-Fraktion kann nämlich zum Beispiel nicht erklären, wie das erste Flugzeug der Brüder Wright abgehoben haben soll – dessen Flügel hatten ein einfaches gebogenes Profil, bei dem der Weg untenrum genauso lang war wie obenrum. Und Kunstflieger schaffen es regelmäßig, mit ihren Sportmaschinen auf dem Kopf zu fliegen – nach der Bernoulli-Theorie müsste das einen umgekehrten Auftrieb erzeugen und die Flieger abstürzen lassen. Mit der Newton-Erklärung dagegen kann man sogar sprichwörtliche Scheunentore fliegen lassen, wenn nur der Anstellwinkel stimmt.

Wer hat nun recht, Bernoulli oder Newton? Zur Ehrenrettung der beiden Physiker muss man sagen: Keiner von beiden hat sich ja mit Fluggeräten beschäftigt, ihre beiden Naturgesetze sind nicht falsch, die Frage ist nur: Welches von ihnen findet hier Anwendung? Die Antwort: beide.

Schauen wir uns erst einmal an, wie die Strömung an einem Flügel tatsächlich aussieht. Die folgende Zeichnung ist eine Simulation des Luftstroms in einem digitalen Windtunnel-Programm.

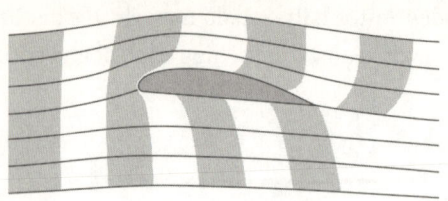

Was sieht man an diesem Bild?

- Die «Luftpakete» werden über dem Flügel tatsächlich länger und schmaler. Das bedeutet: Ihre Geschwindigkeit steigt, der Druck sinkt. Tatsächlich wird oberhalb des Flügels Auftrieb erzeugt. Ein Punkt für Bernoulli!
- Es werden tatsächlich Luftmassen bewegt. Zunächst ein Stück nach oben (an der Flügel-«Nase»), dann aber insgesamt nach unten. Diese *actio* hat eine *reactio* in umgekehrter Richtung zur Folge – eine Kraft, die den Flügel nach oben drückt. Ein Punkt für Newton!
- Vor allem aber: Die Luftteilchen, die vorn am Flügel getrennte Wege gehen, kommen hinten nicht wieder zusammen. Es gibt keine geheime Verabredung zwischen den Partikeln, im Gegenteil: Die Luft über dem Flügel ist viel schneller als die unter dem Flügel, mehr, als der «Umweg» erwarten ließe! Tatsächlich kann sie bis zu doppelt so schnell werden.

Dass nicht das Flügelprofil verantwortlich ist für den schnelleren Luftstrom an der Oberfläche, sieht man auch, wenn man sich Simulationen anderer Flugsituationen ansieht – etwa eines auf dem Kopf fliegenden Flügels oder eines «fliegenden Scheunentors».

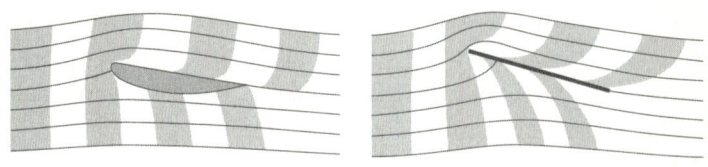

Gerade bei dem völlig profillosen Flügel sieht man: Es kommt vor allem auf den Anstellwinkel an. Wie sorgt der für den Auftrieb?

Am besten teilt man den Luftstrom in drei Teile ein: den unteren Bereich der Luft, die unter dem Flügel wegströmt, den mittleren Bereich der Luft, die auf die Flügelnase trifft und abgelenkt wird, und den oberen Bereich der Luft, die gar nicht direkt mit dem Flügel in Kontakt kommt.

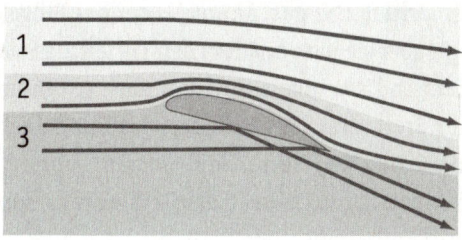

Über die Luft unter dem Flügel herrscht das schon besprochene Newton'sche Gesetz. Luft wird abgelenkt, und nach dem Prinzip von Aktion und Reaktion bekommt der Flügel einen Impuls nach oben. Druckunterschiede spielen hier kaum eine Rolle.

Die Luft, die über den Flügel hinweggeht, könnte eigentlich völlig unbeeindruckt bleiben. Aber dann entstünde ein Vakuum über dem schräggestellten Flügel. Das aber bedeutet Unterdruck – es wird Luft von oben nach unten abgelenkt und dabei beschleunigt, gleichzeitig wird der Flügel «angesogen» und erhält Auftrieb. Oft wird für dieses «Anschmiegen» der Luft an die Flügeloberfläche der Coanda-Effekt verantwortlich gemacht, der dafür sorgt, dass Gas- und Flüssigkeitsströme an gerundeten Oberflächen regelrecht kleben bleiben – aber diese komplizierte Erklärung wird hier gar nicht gebraucht.

Der mittlere Strömungsbereich, also der Bereich der Luft, die direkt auf die Nase trifft und eng an der Flügeloberfläche vorbeigleitet, ist schließlich das Reich von Bernoulli. Hier werden die Luftteilchen von ihrem geradlinigen Weg abgelenkt und zwischen Flügel und oberen Luftschichten «eingeklemmt». Ihr Weg wird enger, sie werden beschleunigt und der Druck sinkt. Das Ergebnis auch hier ist ein Unterdruck, der zum Auftrieb beiträgt.

Insgesamt kann man als Faustregel festhalten, dass die Luft unter dem Flügel etwa ein Drittel des Auftriebs erzeugt und die Luft darüber zwei Drittel. Die gekrümmte Form des Flügels ist keineswegs zufällig – aber sie hat vor allem den Vorteil, dass sie insgesamt den Luftwiderstand verringert. Sie ist einfach strömungsgünstiger als ein glattes Brett, und sie verhindert das Entstehen von Turbulenzen, die man ansatzweise auf dem Strömungsprofil des «Scheunentors» erkennen kann. Denn all das Gesagte funktioniert nur bei sogenannten «laminaren», also glatten und braven Strömungen. Turbulenzen und Wirbel dagegen sind der Horror jedes Piloten.

Strömungen gehören zu den kompliziertesten physikalischen Phänomenen, und deshalb haben wir die Gesetze der Aerodynamik hier auch nur gerade mal angekratzt, die Wirklichkeit ist noch beliebig komplizierter. Aber immerhin funktionieren diese Erklärungen, ohne dass man die Luftteilchen zu intelligenten Wesen erklären muss, die am Ende des Flügels auf ihre Genossen von der anderen Seite warten müssen.

12 Alles Zufall?

oder

Mit dem Schuhcomputer ins Spielcasino

In meinem *Mathematikverführer* gibt es ein Kapitel, in dem es ums Roulette geht. Dort erkläre ich, warum alle Roulette-«Systeme», die auf mathematischen Analysen der Zahlenreihen beruhen, zum Scheitern verurteilt sind. Ein gut austarierter Roulettekessel produziert tatsächlich eine Folge von Zufallszahlen, und die Auszahlungsquoten sind so berechnet, dass der Bank immer ein kleiner Vorteil bleibt. Insbesondere kann man aus der Vergangenheit, also den bisher gefallenen Zahlen, nicht auf die Zukunft schließen. Der Roulettekessel hat kein Gedächtnis.

Mit Mathematik lässt sich dieses Glücksspiel also nicht besiegen. Aber vielleicht mit Physik? Wird unsere Welt nicht von physikalischen Gesetzen regiert, die alle ziemlich genau bekannt sind? Kann man nicht, wenn man die Ausgangsbedingungen einigermaßen exakt kennt, die Bahn der Roulettekugel berechnen und so bestimmen, auf welchem Zahlenfeld sie landen wird?

Das Thema fasziniert mich seit über 20 Jahren. Damals recherchierte ich für einen Artikel über Chaostheorie, und mir fiel ein Buch des amerikanischen Autors Thomas Bass in die Hände. Der Titel: *The Eudaemonic Pie* (auf Deutsch erschienen als *Der Las Vegas Coup*). Bass erzählt darin die Geschichte von ein paar Studenten, die in den siebziger Jahren versuchten, mit selbstgebastelten Minicomputern, die sie in ihren Schuhen versteckten, die Casinos in Las Vegas auszunehmen. Mittels Schaltern, die sie mit den Zehen bedienten, und auf den Körper geklebten Summern als Signalgebern wollten sie den Lauf der Roulettekugel berechnen und dann blitzschnell auf die richtige Zahl setzen. Letztlich scheiterten die Jungs an ihren Hardware-Problemen, immer wieder brannten Schaltelemente durch und fügten ihnen teilweise schmerzhafte Verbrennungen zu, und schließlich gaben sie auf (und wurden ernsthafte Wissenschaftler auf dem neuen Gebiet der Chaosforschung).

Die Tüftler haben aber in einigen erfolgreichen Testserien bewiesen, dass ihr System im Prinzip funktioniert – und seit diesen Tests sind 30 Jahre vergangen, in denen sich die Computer rasant weiterentwickelt haben. Es wäre doch gelacht, wenn es nicht irgendwo auf der Welt Nachahmer gäbe, die mit heutiger Technik Ähnliches versuchen. Natürlich würden sie das nicht an die große Glocke hängen, denn technische Hilfsmittel aller Art sind in den Casinos verboten, und insbesondere mit den Security-Leuten der amerikanischen Spielhöllen möchte man sich nicht anlegen.

Im Jahr 2005 bekam ich dann über den Mathematiker und Roulette-Theoretiker Pierre Basieux Kontakt zu einem Pärchen, das am Niederrhein tatsächlich mit solcher Elektronik experimentiert, und die beiden boten mir an, sie einmal ins Casino zu begleiten – ein Angebot, das ich nicht ausschlagen konnte. Hier also die Geschichte von Sabine Lauerbach und Matthias Seidel, die natürlich eigentlich ganz anders heißen.

Die beiden haben sich für den heutigen Tag das Casino Hohensyburg bei Dortmund ausgesucht. Ein hässlicher Siebziger-Jahre-Bau, die Roulettetische platziert in einem trostlosen, in Brauntönen gehaltenen Saal, der Zigarettenmief steckt in allen Polstern. Im Auto haben die beiden ihre Technik einsatzfähig gemacht: Matthias Seidel hat einen Taschencomputer der Marke Palm in der Tasche, in den er über einen Schalter im Schuh Daten eingeben wird. Sabine Lauerbach trägt, unter ihrer blonden Haarmähne verborgen, einen Ohrstöpsel, über den ihr der Minicomputer eine Prognose für das Ergebnis mitteilt. Die beiden werden nicht mehr miteinander reden, sobald sie das Casino betreten haben – niemand soll merken, dass sie zusammengehören. Sie tun zwar nichts Verbotenes, verstoßen allenfalls mit ihrer Verkabelung gegen die Hausordnung des Casinos. Aber die Spielbank hat das Hausrecht, und sie könnte beide mit einer Sperre belegen. Dann wäre es aus mit dem Traum vom großen Geld, zumindest in den Casinos der Westspiel-Kette.

Der Abend in Hohensyburg bei Dortmund beginnt zunächst einmal ganz langweilig – mit Warten. Eineinhalb Stunden nämlich stehen die beiden scheinbar teilnahmslos am Roulettetisch und schauen nur zu. Dann aber bringt die schlanke, hochgewachsene Blondine die Croupiers plötzlich ganz schön auf Trab und setzt bei jedem Wurf – aber immer erst, wenn die Kugel schon im Kessel rollt. «21–4–4», ruft sie, Sekunden bevor der Croupier mit seinem «Nichts geht mehr!» klarmacht, dass niemand mehr setzen darf. 21–4–4: Das bedeutet, dass sie insgesamt neun Chips setzt, je einen auf die 21 und die vier Zahlen rechts und links davon im Zahlenkranz. Da die Zahlen beim Roulette recht willkürlich über die Scheibe verteilt sind, ist es auch einem trainierten Croupier kaum möglich, die Chips zu diesem Zeitpunkt noch auf dem grünen Tableau zu platzieren. Der Chef du Table am Kopfende des Tisches merkt sich einfach den Einsatz.

Nachdem sie die ersten Spiele verloren hat, beginnt Sabine Lauerbach zu gewinnen. Nicht bei jedem Spiel, aber ungefähr bei jedem dritten, obwohl das bei ihrer Art zu setzen statistisch nur bei etwa jedem vierten zu erwarten ist (ihre neun Chips decken ja etwa ein Viertel der 37 Zahlenfelder ab). «Die Dame arbeitet ja mit allen Tricks», sagt einer der Croupiers, als Sabine Lauerbach einmal zwei Chips miteinander verwechselt. Der milde Spott ist aber durchaus auch als Anerkennung für ihre ansonsten sehr professionelle Spielweise gedacht.

Der Casinoangestellte ahnt natürlich nicht, wie recht er hat. Denn die Spielerin setzt nicht nach Lust und Laune, sondern streng nach den akustischen Kommandos, die Seidels Minicomputer drahtlos in ihren Ohrhörer funkt. Hört sie zwei tiefe Töne und einen hohen, dann bedeutet das die Zahl 21 – die hat der Computer aufgrund der ersten Runden berechnet, die die Kugel im Kessel gedreht hat. Deshalb setzt Lauerbach immer so spät, in einem Moment, in dem das Ergebnis des Wurfs schon vorbestimmt ist. Das Problem ist «nur», die komplexe Bahn der Kugel mit ausreichender Genauigkeit zu berechnen.

Manchmal entsteht Unruhe am Roulettetisch: Wenn zweimal hintereinander dieselbe Zahl fällt oder fünfmal hintereinander Schwarz, strömen die Spieler aus allen Winkeln des Casinos herbei. Die einen sehen ihre Chance darin, auf die gerade erkannte «Serie» zu setzen, die anderen setzen absichtlich dagegen, weil das berühmte «Gesetz der großen Zahlen» ja irgendwie für Ausgleich sorgen muss. Das freut die Spielbanken – nährt es doch die Illusion, man könnte nur anhand der sogenannten Permanenzen, der aufgezeichneten Spielverläufe, den Zufall in den Griff bekommen.

Die Spielbanken sind sich so sicher, dass ihre Roulettekessel wirklich zufällige Ergebnisse produzieren, dass sie das Setzen auch dann noch erlauben, wenn die Kugel schon läuft – wenn also alle physikalischen Größen, die über das Ergebnis entscheiden, bereits feststehen. Die Geschwindigkeit der Kugel, die Geschwindigkeit, mit der sich der Zahlenkranz in entgegengesetzter Richtung dreht, die Reibungskräfte – von nun an handelt es sich um einen streng deterministischen Prozess, in den kein freier Wille mehr eingreift. Würde man alle Gegebenheiten exakt kennen, dann müsste es doch möglich sein, das Ergebnis zu bestimmen, oder?

So einfach ist es nicht. Der Lauf der Kugel setzt sich aus zwei sehr unterschiedlichen Phasen zusammen. Zunächst rollt sie ruhig und gleichmäßig am Rand des Kessels. Eine solche Bewegung ist bei guter Messung perfekt berechenbar. Dann aber kommt die «chaotische» Phase. Sie beginnt, wenn die Kugel ihre Bahn am oberen Rand verlässt und auf eine der «Rauten» trifft. Diese kleinen Erhebungen im Kessel lassen die Kugel hopsen und springen. Irgendwann trifft sie auf die Zahlenfächer und kann auch dort noch ein paar Felder weiterspringen. Chaotisch, das bedeutet: Zwar gehorcht die Kugel weiterhin den Gesetzen der Physik, aber winzige Unterschiede in den Ausgangswerten, etwa im Winkel, in dem sie auf die Raute trifft, führen zu großen Unterschieden im Ergebnis. Niemand kann das im Kopf berechnen, vor allem nicht im Casino, in dem ja technische Hilfsmittel verboten sind. Von jeder Raute aus kann die Kugel in jedes der 37 Zahlenfächer fallen.

Aber sie tut es nicht mit derselben Wahrscheinlichkeit. Das jedenfalls behauptet der Mathematiker Pierre Basieux, auf dessen Verfahren auch die technische Ausrüstung von Matthias Seidel und seiner Freundin beruht. Basieux ist in den deutschen Casinos kein Unbekannter – wohl kaum jemand kennt die Mechanik des Roulettekessels und die Ballistik der weißen Kugel so gut wie er. Seit Jahrzehnten macht er gute Gewinne beim Roulette, mal als «Kesselgucker», mal mit technischen Hilfsmitteln. Er hat schon Beraterverträge mit einigen Spielbanken gehabt, für die er die Qualität der Roulettekessel begutachtete.

Das Roulette mit technischen Mitteln zu besiegen, haben schon viele versucht. Manchmal durch Manipulation des Spielgeräts – etwa indem ein verbündeter Croupier die Elfenbeinkugel gegen eine mit Metallkern austauscht, die dann mit starken Magneten beeinflusst wird. Hier geht es aber um die reine Beobachtung des unbeeinflussten Kugelwurfs. 1978 begann Pierre Basieux, seine

Erkenntnisse technisch umzusetzen. Schon damals waren kleine Taschencomputer erhältlich, wenngleich die heutige Hardware viel komplexere Berechnungen erlaubt. 1983 war sein Verfahren schließlich ausgereift für verlässliche Prognosen. Basieux ging ins Spielcasino von Bad Wiessee, setzte im Übermut ständig den Höchsteinsatz – und gewann. 185 000 Mark. Der «jugendliche Leichtsinn», wie er es rückblickend bezeichnet, trug ihm eine Schlagzeile in der Münchner *Abendzeitung* ein. Sowie Hausverbot im Bad Wiesseer Casino. Zurzeit lassen ihn die bayerischen Spielbanken wieder herein – solange er nicht setzt, wenn die Kugel schon rollt.

Bei seinem Verfahren geht es zunächst um die Vorhersage, an welcher der Rauten die Kugel «streut» und welche Zahl sich zu diesem Zeitpunkt unterhalb dieser Raute befindet. Weil bis dahin alle Bewegungen chaosfrei ablaufen, ist eine solche Prognose ziemlich exakt möglich, sofern die Messwerte genau genug sind. Im Schuh des Beobachters (der entweder mit einem Komplizen zusammenarbeitet oder selbst die Einsätze macht) steckt ein verborgener Schalter. Mit ein paar Klicks der Fußspitze wird die Geschwindigkeit von Ball und Zahlenkranz erfasst. Dazu merkt man sich einen auffälligen Punkt am Rand des Kessels und klickt immer, wenn er eine bestimmte Stelle am Rand passiert. Erster Klick: Beginn der Messung. Zweiter Klick: die Zeit für einen Umlauf. Dritter Klick: die Zeit für den zweiten Umlauf. Diese Zeit wird kürzer sein als die für die erste Runde, und damit hat man gleichzeitig gemessen, wie stark die Rotation abgebremst wird.

In der für den Außenstehenden so langweiligen Messphase, die aus etwa 45 Kugelwürfen besteht, wird außerdem eingegeben, mit welcher Raute die Kugel jeweils zuerst kollidiert ist. Diese Zahlenwerte sind die Grundlage für die spätere Prognose des Westentaschencomputers. Denn in der realen Spielsituation macht der

Rechner keine komplexen ballistischen Berechnungen, sondern sucht aus den gemessenen Beispielen einen Wurf, bei dem die Kugel dieselbe Geschwindigkeit hatte. Dann werden alle anderen Daten entsprechend angepasst und die «Kollisionsraute» sowie die «Kollisionszahl» vorhergesagt.

Die Spielerin am Tisch aber will nicht wissen, an welcher Raute die Kugel abprallt, sondern in welchem Fach sie landet. Es geht also jetzt darum, die zweite, chaotische Phase des Kugellaufs irgendwie vorherzusagen. Dafür hat der Spieler schon im Vorfeld Hunderte von Würfen am selben Kesseltyp mit derselben Kugelsorte analysiert und notiert, wie weit von der Kollisionszahl entfernt die Kugel schließlich landete. Eine exakte Prognose kann man hier nicht erwarten – es geht lediglich um Wahrscheinlichkeitsverteilungen. Hat er Pech, ergibt sich eine gleichmäßige Verteilung über die 37 Felder, und eine Vorhersage ist unmöglich. Basieux' zentrale Erkenntnis lautet aber: Diese Streuweiten sind meist nicht gleich verteilt, sondern haben Minima und Maxima. Beim Hohensyburger Kessel mit seinen zwölf Rauten etwa ergibt sich ein deutliches Maximum, 19 Felder von der Kollisionszahl entfernt. Weil der statistische Vorteil des Casinos sehr schmal ist, reicht schon eine Chance, die etwas besser ist als die Gleichverteilung, um den zu erwartenden Verlust in einen Gewinn zu verkehren.

Seidels Computer berechnet also das Zahlenfeld mit der höchsten Trefferwahrscheinlichkeit und übermittelt diese Prognose über ein akustisches Signal an Sabine Lauerbachs Hörgerät. Und dann muss alles ganz schnell gehen. Selten tritt die Vorhersage genau ein, die Prognose ist ja keine exakte Berechnung, sondern immer noch eine statistische Aussage. Aber selbst wenn sie sich nur bei jedem 20. Wurf als korrekt erweist – statt, wie bei völligem Zufall zu erwarten, bei jedem 37. –, hat die Spielerin einen komfortablen Vorteil gegenüber der Bank. Sie muss allerdings mit längeren

Durststrecken rechnen und braucht auch ein gewisses finanzielles Polster. Um das Risiko etwas zu streuen, setzt sie nicht nur auf die prognostizierte Zahl, sondern auch noch auf die Werte links und rechts davon, daher ihre Ansage «21–4–4».

Nachdem Sabine Lauerbach etwa eine Stunde lang bei fast jedem Wurf gesetzt hat, verlässt ihr Freund seine Position am Kessel. Das Zeichen für den Aufbruch. Auf dem Parkplatz ziehen sie Bilanz: 240 Euro Gewinn in drei Stunden. Nicht eben ein umwerfender Stundenlohn für zwei Personen, wenn man auch noch die Spesen und die Vorbereitungszeit berücksichtigt. In der Bilanz des Casinos werden diese 240 Euro keine Delle hinterlassen. Aber Matthias Seidel ist überzeugt: Der Nachmittag hat bewiesen, dass das System in Hohensyburg funktioniert. Das nächste Mal will er mit höheren Einsätzen spielen.

Das Roulette zu besiegen ist harte Arbeit. Jeder zahlt Lehrgeld – in Form von Anfangsverlusten oder der Gebühr für eine Unterweisung von Basieux oder Seidel, die etwa 3500 Euro kostet. Dabei lernt der künftige Spieler die Feinheiten des Roulettespiels kennen, die Mechanik des Geräts, er lernt das Kesselgucken und das Kesselfehlerspiel, bei dem kleine Unregelmäßigkeiten des Geräts ausgenutzt werden. «Wer das nicht beherrscht», sagt Basieux, «der braucht sich erst gar nicht zu bemühen.»

Der 65-jährige Altmeister spielt inzwischen nur noch selten, und dann ohne Gerät. Jahrelanges Training hat seinen Blick so geschärft, dass er sich auch ohne Computer einen leichten Vorteil gegenüber der Spielbank ausrechnet. Er setzt kleine Beträge, um kein Aufsehen zu erregen, aber die Gewinne, so sagt er, reichen aus, um ihm die Zeit zum Schreiben seiner Bücher zu verschaffen. Die haben Titel wie *Die Zähmung des Zufalls* oder *Anatomie des Kugellaufs* und durchleuchten jeden Aspekt des Spiels. Für diejenigen, die mit Pocket-PC und Funkgerät das Casino besiegen wollen, hat

Basieux einen Rat, den er selbst stets beherzigt hat: «Immer das elfte Gebot beachten – lass dich nicht erwischen!»

Wissenschaft ist Zukunftsvorhersage

Was bringt die Zukunft? Das ist eine der ursprünglichsten Fragen, die sich Menschen gestellt haben. In die Zukunft schauen zu können, sie zumindest in groben Zügen vorhersagen zu können, ist eine überlebenswichtige Fähigkeit. Das reicht von sehr kurzfristigen Prognosen («Wenn ich ein bestimmtes Knacken im Unterholz höre, bricht gleich der Säbelzahntiger durch die Büsche») bis zu sehr langfristigen Perspektiven: Wie wird das Wetter morgen oder in der nächsten Woche? Reicht die Ernte für einen harten Winter? Werde ich einen Partner finden und Kinder bekommen?

Wer gut ist in solchen Vorhersagen, der hat einen evolutionären Vorteil, siehe Säbelzahntiger, und der Psychologe David Huron geht so weit, dieser Fähigkeit zur Antizipation den Rang eines Sinns zuzusprechen, eines «Zukunftssinns». Huron forscht übrigens über Musik, und er glaubt, dass uns Musik unter anderem deshalb so fasziniert, weil wir mit ihr spielerisch diesen Zukunftssinn trainieren. Musik ist geordneter Schall, der sich in der Zeit entwickelt, und beim Hören stellen wir ständig Hypothesen darüber auf, wie sich eine Melodie oder Harmonie weiterentwickelt. Wenn diese Erwartung erfüllt wird, empfinden wir das als angenehm, und wenn sie (in Maßen) enttäuscht wird, sind das kleine Nervenkitzel, die Musik immer aufs Neue interessant machen (mehr dazu steht in meinem Buch *Hast du Töne? Warum wir alle musikalisch sind*).

Das Bedürfnis, mehr über die Zukunft zu wissen, ist der Ursprung von Religion, von Aberglauben (Horoskope!), aber auch von aller Wissenschaft. Naturwissenschaftliche Aussagen haben ja fast immer ein «Wenn-dann»-Muster: Wenn ich diese drei Chemikalien zusammenschütte, dann explodieren sie in einer heftigen Reaktion. Wenn ich die doppelte Kraft an eine Stahlfeder hänge, dann dehnt sie sich auf die doppelte Länge. Wenn ich im Krankenhaus die Instrumente nicht sterilisiere, dann breiten sich Infektionen aus. Wer die Zukunft hinreichend genau vorhersagen kann, der kann berühmt und reich werden. Das geht auch mit falschen Prognosen, die müssen aber möglichst unkonkret sein oder so weit in der Zukunft liegen, dass die Menschen sie schon wieder vergessen haben, wenn sie nicht eingetreten sind – ständig sagen hochbezahlte Astrologen voraus, dass etwa wichtige Politiker im nächsten Jahr einem Attentat zum Opfer fallen werden, und nur ein paar aufrechte Skeptiker erinnern die Öffentlichkeit ein Jahr später an die Fehlprognosen.

Insbesondere die Geschichte der Physik und der von ihr abgeleiteten Astronomie war über Jahrtausende eine Erfolgsgeschichte im Prognostizieren: Schon die alten Griechen konnten den Lauf der Gestirne sehr exakt vorhersagen – und für einen einfachen Menschen muss es damals an Magie gegrenzt haben, dass so ein Gelehrter auf die Minute genau weiß, wann im nächsten Jahr der Mond die Sonne verdunkeln wird. Wenn sogar die großen Geschicke der Welt so präzise berechenbar sind – muss das nicht auch für die kleineren Dinge des Alltags gelten, letztlich auch für den Lauf der Roulettekugel oder der Bälle, die samstags als Lottozahlen gezogen werden?

Vor allem das 18. und das 19. Jahrhundert waren die Hochzeit der Vorstellung, dass die ganze Welt im Prinzip einem präzisen Uhrwerk gleicht, das nach ehernen Gesetzen mechanisch abläuft.

Diese Gesetze wiederum lassen sich mathematisch beschreiben, mit sogenannten Differentialgleichungen, und diese Gleichungen kann man lösen und damit den Fortgang der Welt exakt beschreiben. Den Höhepunkt erreichte diese Weltsicht mit einem Absatz, den der französische Mathematiker und Astronom Pierre-Simon de Laplace im Jahr 1814 niederschrieb: «Eine Intelligenz, die in einem gegebenen Augenblick alle Kräfte kennte, mit denen die Welt begabt ist, und die gegenwärtige Lage der Gebilde, die sie zusammensetzen, und die überdies umfassend genug wäre, diese Kenntnisse der Analyse zu unterwerfen, würde in der gleichen Formel die Bewegungen der größten Himmelskörper und die des leichtesten Atoms einbegreifen. Nichts wäre für sie ungewiss, Zukunft und Vergangenheit lägen klar vor ihren Augen.»

Diese «Intelligenz» ist als der «Laplace'sche Dämon» bekannt geworden – und wie sein Kollege, der Maxwell'sche Dämon (siehe Seite 100), ist er ein Gedankenkonstrukt, das leider in der Wirklichkeit nicht funktioniert. Und das gleich aus mehreren Gründen. Recht trivial ist der praktische Einwand, dass niemand tatsächlich den gegenwärtigen Zustand des Universums mit hinreichender Genauigkeit kennt und über die entsprechende Rechen-Power verfügt, daraus die Zukunft zu berechnen. Mit den physikalischen Theorien des 20. Jahrhunderts kamen zwei grundsätzliche Argumente gegen die Möglichkeit des Laplace'schen Dämons auf: Die Relativitätstheorie sagt, dass wir aufgrund der Begrenztheit der Lichtgeschwindigkeit nur Informationen über einen Teil der Raumzeit bekommen können, es bleiben immer Teile, die für uns im Dunkeln liegen (siehe Kapitel 8). Die Quantentheorie, insbesondere Heisenbergs Unschärferelation, besagt, dass wir nicht gleichzeitig den Ort und die Geschwindigkeit eines Teilchens mit beliebiger Genauigkeit messen können – das aber müsste der Laplace'sche Dämon tun.

Die Chaosforschung muss gar nicht auf diese etwas esoterischen und für den Laien unanschaulichen Zweige der Physik zurückgreifen – sie zeigt, dass auch in einer Welt, die nur von den altbekannten Gesetzen der Newton'schen Mechanik regiert wird, solche Prognosen zum Scheitern verurteilt sein müssen. Es gibt Prozesse, die sind sehr empfindlich gegenüber Störungen der Anfangsbedingungen. Kleine Änderungen dieser Bedingungen führen zu großen Unterschieden im Ergebnis. Das Roulette ist so ein Beispiel: Die Streuung der Kugel an den Rauten im Kessel hängt davon ab, wie die Kugel auf die Raute trifft – ein kleiner Unterschied im Aufprallwinkel, und schon fliegt sie in eine ganz andere Richtung davon. Und weil jede Rechnung die Ausgangsbedingungen nur mit angenäherter Genauigkeit kennt, ist eine exakte Prognose unmöglich. Die spannende Frage beim Roulette, die Tüftler in aller Welt antreibt, lautet: Kann man durch Messungen und Berechnungen zumindest eine Wahrscheinlichkeitsaussage treffen, die einem einen gewissen Vorteil gegenüber der Bank verschafft?

Das Paradebeispiel für ein physikalisches System, welches empfindlich auf Änderungen der Anfangsbedingungen reagiert, ist das Wetter. Dessen kurzfristige Vorhersage haben die Meteorologen heute ganz gut im Griff, aber sobald es um das Wetter der nächsten Woche geht, gleicht die Vorhersage einem Ratespiel. Im Jahr 1961 experimentierte der amerikanische Meteorologe Edward Lorenz mit einem Wetter-Computermodell, das aus sechs Differentialgleichungen bestand. Einmal wollte er dem Rechner ein bisschen Arbeit ersparen und rechnete sein Modell ein zweites Mal durch, wobei er für eine Eingabegröße statt der Zahl 0,506127 den kürzeren Wert 0,506 einsetzte. Er änderte den Eingabewert also um ein winziges bisschen und ging davon aus, dass auch sein Ergebnis nur geringfügig von der ursprünglichen Rechnung abweichen würde. Umso erstaunter war er, als der Computer ein völlig anderes Wetter errechnete! Genau das ist Chaos, genauer gesagt: das sogenannte deterministische Chaos. Obwohl es sich um völlig determinierte, also von Regeln vorbestimmte Vorgänge handelt, ist der Ausgang ungewiss.

Um das Verhalten eines dynamischen Systems zu beschreiben, benutzen Physiker gern den sogenannten Phasenraum. Das ist ein mathematischer Raum mit manchmal sehr vielen Dimensionen – und zwar genau so viele Dimensionen, wie man braucht, um das System vollständig zu beschreiben. Zum Beispiel bei einem einfachen Pendel: Anstatt die Bahn des Pendelgewichts durch den Raum zu beschreiben, bildet man im Phasenraum die Größen Winkel und Geschwindigkeit ab. Mehr ist zur Beschreibung des Pendels nicht nötig.

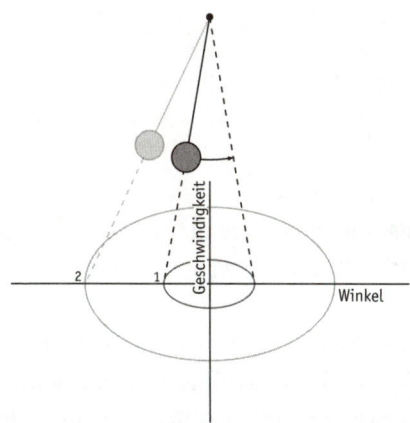

Die Grafik zeigt den Fall eines ungedämpften Pendels, also den idealisierten Fall, in dem es keine Reibung gibt. Dann ist die Kurve, die das Pendel im Phasenraum beschreibt, eine mehr oder weniger große Ellipse – klein, wenn man das Pendel mit einer kleinen Auslenkung anwirft (1), und entsprechend größer, wenn es mit mehr Schwung startet (2).

In der Realität wird jedes Pendel aber von Reibung gebremst. Wenn es durch den Nullpunkt gegangen ist, dann erreicht es auf der anderen Seite niemals ganz die Höhe, von der aus es gestartet ist. Deshalb sieht die realistische Bahn im Phasenraum eher aus wie eine Spirale, und irgendwann kommt das Pendel im Nullpunkt zur Ruhe.

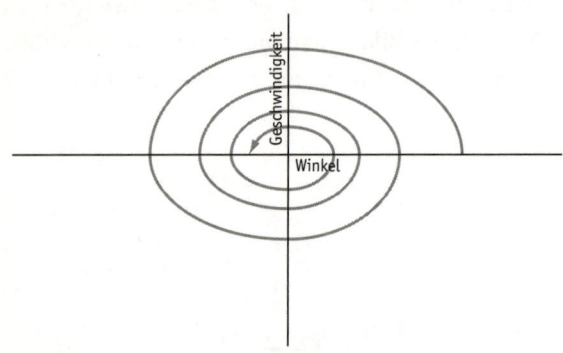

Den Nullpunkt nennt man in diesem Fall einen «Attraktor» – einen Zustand, auf den die Bahnen im Phasenraum zulaufen, egal wo man startet.

Es ist eine besondere Eigenschaft jedes Phasenraums, dass es in der Bahn, die ein System vollführt, keine Schnittpunkte gibt. Das liegt daran, dass der Raum das System vollständig beschreibt – wenn es in einem bestimmten Zustand ist, dann ist damit seine Entwicklung komplett determiniert, es kann nicht in zwei verschiedene Richtungen weitergehen. Beispiel Pendel: Wenn es in einem bestimmten Winkel ausgelenkt ist und eine gewisse Geschwindigkeit hat, dann kann es nur auf eine einzige Art weiterpendeln.

Und das führt dazu, dass Attraktoren im zweidimensionalen Phasenraum relativ langweilig sind: Sie können aus einer geschlossenen Kurve bestehen wie der Ellipse beim ungedämpften Pendel; oder aber aus einem Punkt wie dem Nullpunkt bei der gedämpften Variante.

In höherdimensionalen Phasenräumen dagegen können Attraktoren auch ganz andere Formen annehmen. Der Attraktor, den Edward Lorenz für sein Wettermodell fand und der nach ihm benannt wurde, ist eine sehr komplizierte geometrische Form und das bekannteste Beispiel für einen «seltsamen Attraktor».

Der Zustand dieses Systems kann eine lange Zeit auf der linken Seite auf relativ ähnlichen Bahnen kreisen – und dann plötzlich zum rechten «Flügel» überwechseln, und umgekehrt. Das hängt nur von winzigen Änderungen der Bahn und damit der Messwerte in der Realität zusammen. So konnte es kommen, dass Lorenz' Wettermodell mit den gerundeten Daten völlig andere Ergebnisse lieferte.

Nun könnte man einwenden, dass man dann eben die Ausgangsdaten immer genauer messen müsste und sie nicht abrunden dürfte. Aber Computer rechnen nur mit einer gewissen Zahl von Stellen hinter dem Komma. Manchmal kommen sogar verschiedene Computer mit demselben Ausgangswert zu unterschiedlichen Ergebnissen – weil der Rechner intern bei Zwischenrechnungen immer wieder Rundungen vornehmen muss. Auch die besten Supercomputer werden also immer wieder mit dem Chaos zu kämpfen haben.

Edward Lorenz prägte auch den Ausdruck vom Schmetterlingseffekt – der Flügelschlag eines Schmetterlings am Amazonas kann einen Hurrikan in der Karibik beeinflussen. Die Sache war übrigens metaphorisch gemeint; dass ein Schmetterlingsflügelschlag tatsächlich solch enorme Auswirkungen hat, glaubt heute eigentlich kein Experte.

Unter den Meteorologen heiß umstritten ist dagegen die Frage: Gibt es eine prinzipielle Grenze, über die hinaus es nie eine verlässliche, detaillierte Wettervorhersage geben kann? Oder lässt sich der Schmetterlingseffekt so weit im Zaum halten, dass wir in einigen Jahren oder Jahrzehnten wirklich gute Vorhersagen für die nächste Woche, den nächsten Monat oder gar den ganzen Sommer haben werden?

Am Wetter kann man auch schön studieren, dass das Chaos längst nicht immer dasselbe ist. Es gibt stabile Wetterlagen, die sich absehbar auf Tage hinaus nicht ändern werden. Ganze Weltgegenden sind meteorologisch äußerst langweilig, man denke nur an die Wüstenstaaten der Sahelzone – wer dort an einem heißen Sommertag voraussagt, dass es auch drei Tage später sonnig und heiß sein wird, der wird nur ein Gähnen ernten. In Mitteleuropa, wo häufig kalte Polarluft und warme, subtropische Winde aufeinandertreffen, wechselt das Wetter viel häufiger, aber auch bei uns kann sich etwa ein großes Tiefdruckgebiet dauerhaft festsetzen und mehrere Tage lang das Wetter dominieren. Dann haben es die Meteorologen leicht, und auch kleine Abweichungen in ihren Modellen machen nicht viel aus.

Wenn das Ziel von Wissenschaft die Vorhersage der Zukunft ist – was nützt einem dann die Erkenntnis, dass ein System chaotisch und daher prinzipiell unvorhersagbar ist? Meistens nicht besonders viel. Der Hype um die Chaostheorie vor etwa 20 Jahren hat nicht zu vielen greifbaren Ergebnissen geführt. Wenn man weiß, dass auch die Börsenkurse gewissen chaotischen Gesetzen gehorchen, dann macht man damit noch keine Gewinne. Und von der Weltfinanzkrise haben die Chaosforscher vorher ebenso wenig gewusst wie die Astrologen.

Jetzt sind Sie dran: Ein umgekehrtes Pendel (mit einer starren Stange) ist eine äußerst labile Angelegenheit. Es ist kaum möglich, das Pendel stabil zu halten – bei der kleinsten Bewegung fällt es um.

Befestigt man es dagegen auf einer Platte, die in vertikaler Richtung vibriert, dann kann man die vertikale Position stabilisieren. Wie funktioniert das? Und wie muss die Platte im Vergleich zum Pendel vibrieren, damit es funktioniert?

13 Der betrunkene Weinbauer

oder

Wie Eis vor Frost schützen kann

Die Winzer des Weindörfchens in der Toskana treffen sich zur Feierabendrunde in der kleinen Trattoria des Ortes. Tagsüber haben sie ihre Weinberge bestellt, und weil die Märzsonne schon kräftig schien, haben sie auch die Beregnungsanlagen angestellt. Dem jungen Chianti des Vorjahres wird kräftig zugesprochen, und einige haben schon gewisse Artikulationsschwierigkeiten. Im Fernsehen über der Theke laufen die Abendnachrichten des Regionalsenders, und im Wetterbericht kündigt der Meteorologe Nachtfrost an. Das ist im Frühjahr äußerst selten in der Toskana, aber ein solcher Frost hat auch hier schon einige Ernten zerstört. Wenn die Blüten an den Weinreben austreiben, sind sie dem Wetter ziemlich schutzlos ausgeliefert.

«Die Wassersprüher!», ruft einer der Bauern. «Wenn die nassen Blüten Frost abbekommen, sind sie hin!» Ein Raunen geht durch den Raum, fast alle Weinbauern schnappen sich ihre Jacken und eilen nach draußen, schwingen sich auf ihre Vespas oder in ihre Ape-Kleinlaster und fahren heim, um das Wasser abzustellen – in der Hoffnung, dem Nachtfrost noch zuvorzukommen.

Nur einer der Winzer bleibt zurück – Luigi hat wohl etwas zu viel Chianti intus, er hat von der ganzen Aufregung gar nichts mitbekommen. In einer Ecke des Lokals sitzt er und schnarcht. Auch als die anderen später zurückkehren, lässt er sich kaum wachrütteln. Zum Glück kommt zu späterer Stunde Luigis Frau in ihrem

Fiat Cinquecento, packt ihren Mann ins Auto und bringt ihn nach Hause ins Bett. Die Beregnungsanlagen auf Luigis Weinberg aber laufen weiter.

Am nächsten Morgen müssen die Winzer feststellen, dass ihre nächtliche Aktion nichts genützt hat. Große Teile ihrer Weinblüten haben den unerwarteten Frost von minus sieben Grad nicht überlebt. Luigi, der seinen Rausch ausgeschlafen hat, erwartet, dass auch seine Pflanzen dem Frost zum Opfer gefallen sind. Er fährt hinaus zu seinem Weinberg und sieht, dass die Reben von einem dicken Eispanzer überzogen sind. Umso größer ist sein Erstaunen, als ein paar Sonnenscheinstunden später das Eis schmilzt und die Blüten wieder freigibt: Sie sind völlig unversehrt – als einzige im ganzen Dorf! Kann es sein, dass das Eis die Blüten vor dem Frost geschützt hat?

Frost setzt Wärme frei

Heute ist es bei Obst- und Weinbauern eine Standardmethode, die empfindlichen Blüten ihrer Kulturpflanzen im Frühjahr mit einer Eisschicht gegen Nachtfrost zu schützen. Die Kunst besteht darin, dabei die richtige Dosierung zu finden – wird der Eispanzer zu dick, dann ist das natürlich auch nicht gut für die Blüte, es können sogar ganze Äste unter dem Gewicht des Eises abbrechen.

Aber wieso wärmt das Eis überhaupt? Zunächst einmal besteht der «Saft» von Pflanzen nicht aus reinem Wasser, das bei null Grad gefriert. Er enthält Salze und Zucker, und die sorgen dafür, dass sein Gefrierpunkt ein paar Grad tiefer liegt. Unter einer Eisdecke, die nicht kälter als null ist, kann die Pflanze also gut überleben. Hinzu kommt, dass Eis ein sehr schlechter Wärmeleiter ist. Es kann die Kälte von draußen eine ganze Weile abhalten.

Aber auf die Dauer kühlt auch der Eispanzer ab und wird kälter, und das wäre dann der – verzögerte – Tod der Blüte. Setzt man aber die Beregnung fort, dann erzeugt man damit tatsächlich Wärme.

Um das zu verstehen, schaut man sich zunächst einmal den umgekehrten Fall an – nämlich den, was passiert, wenn man einen festen Stoff erhitzt, sodass er flüssig und später gasförmig wird. So sieht etwa das Diagramm für Energie und Temperatur aus:

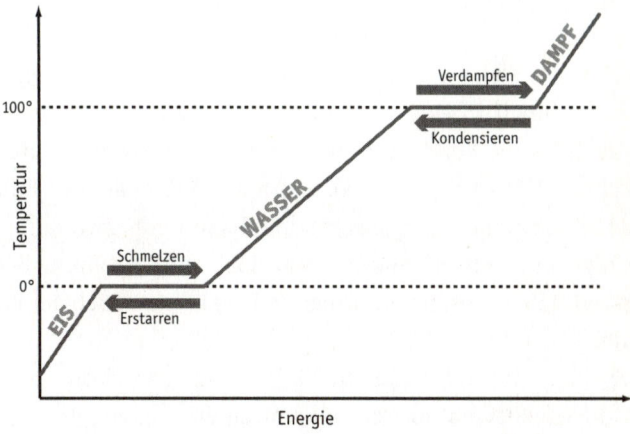

Unter null Grad liegt Wasser in fester Form vor – als Eis. Führt man ihm Energie zu, dann wird das Eis immer wärmer. Bei null Grad beginnt es zu schmelzen. Aber dieser Schmelzvorgang erfordert Energie, weil die Eiskristalle, in denen die Atome gebunden sind, aufgebrochen werden müssen. Deshalb bleibt die Temperatur des Wasser-Eis-Gemischs bei null Grad, obwohl weiter Energie zugeführt wird, bis die gesamte Eisportion geschmolzen ist. Diese Schmelzenergie kann man exakt beziffern – sie beträgt 333 Joule pro Gramm.

Das Wasser heizt sich bei konstanter Wärmezufuhr auf, übrigens langsamer als das Eis, weil seine Wärmekapazität höher ist. Bei einer Temperatur von 100 Grad passiert etwas Ähnliches wie am Schmelzpunkt: Damit das Wasser sich in Dampf verwandelt, müssen die Kräfte überwunden werden, die die Wassermoleküle im flüssigen Zustand eng zusammenhalten. Wieder muss eine gewisse Energie hineingesteckt werden, um diesen Übergang zu schaffen. Die Verdunstungsenergie des Wassers beträgt 2257 Joule pro Gramm. Erst danach beginnt sich der Dampf weiter zu erhitzen.

Der Energieerhaltungssatz besagt nun: Wenn dieser Prozess umgekehrt wird, dann wird auch bei jedem Schritt wieder dieselbe Energie frei, die vorher hineingesteckt wurde. Das gilt für die Abkühlungsprozesse in den drei Aggregatzuständen, das gilt aber auch für die Kondensation (Dampf wird zu Wasser) und die Erstarrung (Wasser wird zu Eis). Wenn das Wasser auf den Blüten gefriert, dann gibt es Energie ab, nicht nur die Temperaturdifferenz zur Umgebung, sondern eine Extraportion – die sogenannte Erstarrungs- oder Kristallisationswärme. Und die kommt auch der Blüte zugute.

Der Bauer tut gut daran, die Berieselung so zu dosieren, dass er sie die ganze Nacht fortsetzen kann. So wird ständig Wasser zu Eis, und es entsteht ununterbrochen diese Erstarrungswärme. Tut er das nicht, besteht nämlich die Gefahr, dass ein anderer Prozess abläuft: die Sublimation, also die direkte Verwandlung von Eis in Wasserdampf unter Umgehung der flüssigen Phase. Dass das möglich ist, sieht man zum Beispiel an Wäsche, die man bei Frost draußen aufhängt. Sie mag zwar zunächst bretthart gefrieren, aber trotzdem kann sie nachher trocknen. Und dieser Sublimationsvorgang braucht Energie (und zwar die Summe aus Schmelz- und Verdampfungsenergie) – die holt er sich unter anderem aus der Pflanze, sodass sie gefährlich abkühlen kann.

Ein ganz besonderer Stoff

Bisher ging es nur um die Vorgänge, die bei gewöhnlichem Luftdruck von etwa 1 Bar geschehen. Aber der Druck hat einen großen Einfluss auf das Verhalten eines Stoffs. Deshalb zeichnen die Physiker sogenannte Phasendiagramme, die beschreiben, in welchem Zustand sich der Stoff bei jeder beliebigen Kombination von Temperatur und Druck befindet. Die Ebene ist wie eine Landkarte, die in drei Bereiche aufgeteilt ist – das feste, das flüssige und das gasförmige Reich. Die Grenzen dazwischen beschreiben die Übergänge zwischen den Aggregatzuständen. Zieht man eine waagerechte Linie bei einem Druck von 1 Bar, dann erhält man die bekannten Phasenübergänge bei normalem Druck. Bei Wasser also einen Schmelzpunkt von null Grad und einen Siedepunkt von 100 Grad.

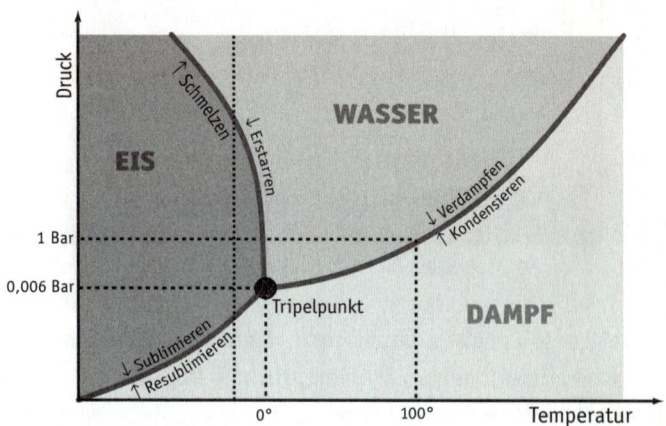

In jedem Phasendiagramm gibt es einen Punkt, an dem die drei «Länder» zusammenstoßen. Bei dieser Temperatur und diesem Druck kann der Stoff in allen drei Aggregatzuständen vorliegen. Wasser hat diesen sogenannten Tripelpunkt bei einer Temperatur von ziemlich genau null Grad und einem sehr niedrigen Druck von etwa 0,006 Bar.

Eine überraschende Eigenschaft von Wasser sieht man entlang der senkrecht gestrichelten Linie auf S. 203: Für Temperaturen unter null gibt es zunächst einen Bereich sehr niedrigen Drucks, bei dem das Wasser als Dampf existiert. Erhöht man den Druck, wird es fest, es «resublimiert». Setzt man dieses Eis dann aber hohem Druck aus, dann wird es plötzlich flüssig! Das liegt an der sogenannten Dichteanomalie des Wassers. Fast alle anderen Stoffe besitzen ihre höchste Dichte in festem Zustand, die Flüssigkeit ist weniger dicht und das Gas natürlich am «dünnsten». Bei Wasser ist das anders: Wenn es bei null Grad schmilzt, steigt seine Dichte sprunghaft an, und bei 4 Grad erreicht es seine höchste Dichte überhaupt.

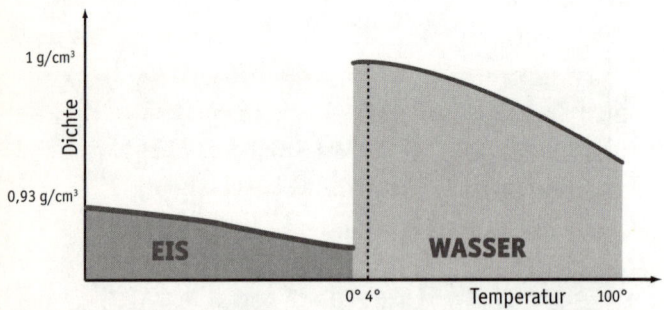

Wenn man also Eis unter Druck setzt, dann wollen die Moleküle in dem Kristallgitter enger zusammenrücken. Das geht aber nicht, weil die Abstände in diesem Gitter nicht sehr variabel sind. Es gibt aber eine dichtere Alternative, nämlich den flüssigen Zustand – also wird das Eis unter Druck flüssig. So funktioniert zum Beispiel das Schlittschuhlaufen.

Die Ursache dieser Anomalie des Wassers liegt darin, dass die Wassermoleküle sogenannte Dipole sind. Die beiden Wasserstoffatome sind an dem Sauerstoffmolekül nicht direkt gegenüber aufgehängt, sondern eher wie die Ohren an einem Teddybär. Da bei den Wasserstoffatomen ein Überschuss an positiver elektrischer Ladung herrscht und beim Sauerstoffatom ein negativer Überschuss, führt das zu starken elektromagnetischen Anziehungskräften zwischen den Molekülen. Sie bilden im flüssigen Zustand, in dem sie frei beweglich sind, sehr dichte «Cluster», dichter als die geometrischen Eiskristalle.

Ohne diese Anomalie des Wassers – das kann man ohne Übertreibung sagen – gäbe es kein Leben auf der Erde. Zunächst einmal würde es bei unseren Temperaturen überhaupt nicht flüssig sein, sondern gasförmig wie das schwerere Kohlendioxid. Weil Wasser schwerer ist als Eis, schwimmt Eis immer an der Oberfläche, und das führt dazu, dass zum Beispiel Seen immer von oben nach unten zufrieren. Selten frieren sie bis auf den Boden durch, und das ermöglicht es Lebewesen, am Grund zu überleben – würde das Gewässer von unten nach oben durchfrieren, dann würde in jedem Winter das Leben ausgelöscht. Zur Entwicklung des Menschen wäre es unter diesen Umständen bestimmt nicht gekommen.

Jetzt sind Sie dran: Wenn man an einem eiskalten Tag einen Topf mit heißem Wasser und einen Topf mit derselben Menge kalten Wassers herausstellt, dann kann es passieren, dass das heiße Wasser schneller gefriert als das kalte. Wie kann das sein?

14 Der Quanten-Kult

oder

Selbstmord für die Wissenschaft

Den Ermittlern bietet sich ein Bild des Schreckens: In der Dreizimmerwohnung, die von den Beamten der Bereitschaftspolizei aufgebrochen worden ist, liegen fünf Leichen, drei Männer und zwei Frauen. Alle offenbar per Kopfschuss getötet. Blut überall.

Eine Nachbarin hatte die Schüsse gehört und die Polizei alarmiert. Jetzt ist die Mordkommission eingetroffen, die Beamten haben mit der Spurensicherung begonnen.

«Sehr seltsame Geschichte», sagt Jungkommissar Hufnagel zu seinem Chef Detlef Behnke. «Alle fünf sind tot, direkt in den Kopf geschossen. Keine Würgemale oder andere Anzeichen von Gewaltanwendung. Und wir haben nur eine Waffe gefunden, diese komische Pistole dort drüben, die in einen technischen Apparat gespannt ist.»

Behnke geht hinüber ins Wohnzimmer und schaut sich die seltsame Todesmaschine an. Eine Walther P5, neun Millimeter, eingespannt in eine Mechanik, der den Auslöser bedient, und der wiederum ist gekoppelt an ein elekronisch aussehendes Kästchen mit ein paar Schaltern und einem Ziffern-Display.

«Keine Gewaltanwendung, sagen Sie?», fragt Behnke. «Und die Tür ist auch nicht aufgebrochen worden?»

Hufnagel schüttelt den Kopf.

«Was können Sie mir denn über die Opfer sagen?», will Behnke wissen.

«Bisher nicht viel. Zwischen 25 und 45 Jahre alt, alle durchaus gebildet, mit Hochschulabschluss – Physiker, Mathematiker, Philosophen und so weiter. Keiner ist bisher irgendwie polizeiauffällig geworden, die Verbrecherdateien geben nichts her.»

«Hm. Es würde mich nicht wundern, wenn die Kugeln in ihren Köpfen alle aus dieser Höllenmaschine stammten», murmelt Behnke. «Hat irgendjemand eine Ahnung, was das für ein Gerät ist?»

Hufnagel zuckt ratlos mit den Schultern. Von Technik versteht er nicht viel, und das geht den meisten seiner Kollegen so. Es gibt einen einzigen Internet-Anschluss fürs gesamte Kommissariat. Der Experte für eine solche digitale Technik muss aus der nächsten Großstadt angefordert werden, und das wird wohl noch eine Weile dauern.

Behnke geht im Wohnzimmer auf und ab. Ist das hier vielleicht gar kein Mord, sondern ein kollektiver Selbstmord? Es hat ja schon einige dieser Spinner gegeben, die sich in der Hoffnung auf eine bessere Welt das Leben genommen haben. Er wirft einen Blick auf die Buchrücken im Regal. Neben ein paar Science-Fiction-Romanen vor allem wissenschaftliche Fachliteratur: Mathematik und Physik. *Das elegante Universum, Die verrückte Welt der Paralleluniversen, Weltanschauliche Deutungen der Quantentheorie.* Nichts zu sehen von esoterischen Titeln, die auf eine destruktive Sekte schließen lassen könnten.

Während er seinen Gedanken nachhängt, hört er einen unterdrückten spitzen Schrei. Behnke dreht sich um, in der offenen Wohnungstür steht eine junge Frau, die die Hände vors Gesicht geschlagen hat und nun leise in sich hineinschluchzt.

Behnke geht sofort zu ihr hinüber. «Sie haben es getan. Sie haben es tatsächlich getan!», jammert die Frau, unterbrochen von weiteren Schluchzern.

«Kommen Sie erst einmal rein und setzen Sie sich», versucht Behnke die Frau zu beruhigen. Er legt einen Arm um ihre Schultern und bugsiert sie in die Küche. Um ihr den weiteren Anblick der schrecklichen Szenerie zu ersparen, aber auch, um ungestört mit ihr reden zu können.

«Behnke, Mordkommission», stellt er sich vor. Behnke hasst diese Situationen, in denen er den nüchternen Beamten geben muss, während für sein Gegenüber eine Welt zusammenbricht. «Sagen Sie mir, wer Sie sind und welche Beziehung Sie zu den Opfern hatten?»

«Fischer, Marina Fischer», sagt die Frau, die sich jetzt etwas beruhigt hat. Behnke schätzt sie auf 25. «Ich bin die Schwester von Christian Fischer, dem diese Wohnung gehört. Oder gehört hat.» Ein neuer Schwall von Tränen bricht aus ihr hervor.

«Sie sagten eben so etwas wie: ‹Sie haben es getan.› Wer hat was getan?», fragt Behnke leise, er versucht dabei möglichst wenig dienstlich zu klingen.

«Christian war Physiker», sagt Marina Fischer, nachdem sie sich ein wenig beruhigt hat. «Quantenphysik war sein Spezialgebiet, und er hat sich auch mit den philosophischen Konsequenzen daraus beschäftigt. Ich selbst habe Germanistik studiert, ich verstehe von dem Kram nicht viel, aber offenbar haben die Physiker immer noch Schwierigkeiten, die Konsequenzen der Quantentheorie zu interpretieren. Christian hat mir mal die Geschichte von Schrödingers Katze erklärt – es geht dabei darum, dass in einer Kiste eine Katze steckt, die gleichzeitig lebendig und tot ist, bis man den Deckel aufmacht.»

«Hm», brummt Behnke nur. Physik war in der Schule nicht seine Stärke, und er hat auch jetzt nicht vor, sich damit intensiver zu beschäftigen, solange das nicht für die Lösung des Falles relevant ist.

«Mal sehen, ob ich's noch zusammenkriege», fährt die Frau fort, ohne sich durch Behnkes offensichtliches Desinteresse beirren zu lassen. «In der Kiste ist eine Apparatur, in der ein Atom zerfällt – oder auch nicht zerfällt; die Chancen, dass das in der nächsten Stunde passiert, stehen 50:50. Wenn das Atom zerfällt, dann wird das von einem Geigerzähler registriert, und der wiederum löst über ein elektronisches Relais einen Hammer aus, der eine Phiole mit Blausäure zertrümmert – die Katze stirbt auf der Stelle.»

Lass sie reden, denkt sich Behnke, auch wenn das mit dem Fall nichts zu tun hat. Er hat das schon öfters bei Menschen erlebt, die unter Schock stehen. «Erzählen Sie weiter – darf ich Ihnen einen Tee eingießen?»

«Ja, gern», sagt die Frau, starrt dabei aber in die Ferne – es fällt ihr sichtlich schwer, sich an die Fachbegriffe zu erinnern, mit denen ihr Bruder sie immer überschüttet hat. «Das Atom aber ist ein quantenmechanisches System oder so», sagt sie dann, «es zerfällt gleichzeitig und zerfällt wiederum nicht, die beiden Zustände überlagern sich irgendwie. Erst wenn es von jemandem beobachtet wird, legt es sich auf einen der Zustände fest. Und das heißt: Solange niemand die Kiste aufmacht, ist das Atom sowohl zerfallen als auch nicht zerfallen, die Phiole ist intakt und kaputt, und die Katze ist sowohl lebendig als auch tot. Erst wenn wir in die Kiste schauen, wird ihr Zustand eindeutig festgelegt.»

«Was für ein Quatsch», entfährt es Behnke.

«Ja, nicht wahr?» Jetzt huscht sogar ein Lächeln über Marina Fischers Gesicht. «Natürlich hat das nie jemand wirklich geglaubt, aber offenbar ist die Quantentheorie die bestüberprüfte physikalische Theorie überhaupt, und irgendwie muss man sich einen Reim auf die Geschichte machen. Was ich gerade beschrieben habe, ist die sogenannte Kopenhagener Deutung. Es gibt aber auch alternative Erklärungen, und eine davon ist die sogenannte Viele-Welten-Theorie eines gewissen Hugh Everett.»

Behnke erinnert sich, den Namen auf einem der Buchrücken gelesen zu haben.

«Nach dieser Theorie gibt es diese Überlagerung nicht, sondern bei jedem Quantenereignis spaltet sich die Welt auf in zwei Welten – eine, in der das Atom zerfällt und die Katze stirbt, und eine, in der es intakt bleibt und die Katze überlebt.»

«Klingt äußerst seltsam», brummt Behnke, der jetzt langsam etwas erfahren möchte, das mit seinem Fall zu tun hat. Schließlich geht es hier nicht um hypothetische tote Vierbeiner, sondern um fünf ganz reale menschliche Leichen, für die sich die überregionalen Medien interessieren werden. Und die wollen von ihm bestimmt keine Geschichte über Schmidts Katze hören oder wie auch immer der Typ heißt. «Meinen Sie denn, diese Theorien haben irgendetwas mit dem zu tun, was heute in dieser Wohnung passiert ist?»

«Aber natürlich», sagt Fischer, «ich komme gleich dazu. Die meisten Physiker gehen davon aus, dass man nicht entscheiden kann, ob die klassische Deutung dieser Geschichte richtig ist, also die mit der überlagerten Katze, oder die Viele-Welten-Theorie. Dann aber hat mein Bruder einen Artikel von einem gewissen Max Tegmark gelesen, einem schwedischen Physiker, der behauptet, dass man die Viele-Welten-Theorie sehr wohl überprüfen kann, und einige interpretieren das sogar so, dass sie einem Unsterblichkeit garantiert!»

Bei dem Wort «Unsterblichkeit» horcht Behnke auf. Das klingt nun doch ganz klar nach Psycho-Sekte – und die Opfer haben offenbar gerade auf brutale Weise erfahren, dass sie äußerst sterblich sind. Er schaut die Schwester des Physikers fragend an.

Marina Fischer nimmt einen Schluck heißen Tee. «Man muss sich in die Katze versetzen, hat mir Christian immer wieder gesagt.

Wie stellt sich das Experiment für sie dar? Wenn die klassische Interpretation stimmt, dann stirbt sie in der Hälfte der Fälle. Wenn aber die Viele-Welten-Theorie stimmt, dann überlebt die Katze subjektiv auf jeden Fall – wenn es überhaupt noch eine Katze gibt.»

«Jetzt haben Sie mich verloren», sagt Behnke resignativ.

«Dieser Tegmark hat eine sogenannte ‹Quanten-Suizid-Maschine› erfunden, QS-Maschine hat Christian sie genannt. Sie besteht aus einer Pistole, deren Abzug an einen elektronischen Apparat gekoppelt ist. Sobald der Knopf einer Fernbedienung betätigt wird, misst die Quantenmaschine den Spin eines beliebigen Photons. Das müssen Sie jetzt nicht verstehen, aber dieser Spin kann zwei Richtungen haben, rechtsrum oder linksrum, beide sind gleich wahrscheinlich. Wenn der Spin rechtsrum ist, macht die Maschine nur ein ‹Klick›-Geräusch, wenn er linksrum ist, löst sie den Abzug der Pistole aus, und die feuert eine Kugel ab.»

«Das heißt, in etwa der Hälfte aller Fälle wird geschossen? Also wie russisches Roulette, nur mit viel schlechteren Chancen?», fragt Behnke. Langsam bewegt sich das Gespräch auf einem Terrain, auf dem er sich zu Hause fühlt.

«Genau», sagt Fischer. «Wenn Sie die Maschine testen und Glück haben, macht es vielleicht zwei- oder dreimal ‹Klick›, aber irgendwann knallt es bestimmt. Dass sie zehnmal nicht schießt, hat eine Wahrscheinlichkeit von weniger als einem Promille! Aber denken Sie an die Viele-Welten-Theorie: Jedes Mal, wenn Sie den Abzug ziehen, spaltet die Quantenmessung die Welt in zwei Welten auf, dann in vier, acht und so weiter – und die Folge von Klicks und Schüssen zeigt Ihnen, in welcher der vielen Welten Sie gelandet sind.»

«Das klingt für mich immer noch ziemlich spitzfindig – das Resultat ist ja offenbar dasselbe», brummt Behnke.

«Nicht wenn Sie sich vor die Maschine setzen und die Waffe auf Ihren Kopf zielt», sagt die Frau. «Wenn Sie den Abzug betätigen, hören Sie immer nur ein ‹Klick›. Denn in dem Paralleluniversum, in dem die Kugel abgefeuert wird, sind Sie sofort tot und hören gar nichts. Stellen Sie sich vor, Sie machen das zehn Mal – dann sind Sie nachher in demjenigen von 1024 Universen, in denen es zehnmal ‹Klick› gemacht hat! Alle anderen Versionen von Ihnen sind tot und haben kein Bewusstsein über die Situation. Und das hat zumindest mein Bruder so interpretiert, dass die Quantentheorie ihn im Prinzip unsterblich macht.»

«Und dann hat er daraus einen Kult gemacht?», fragt Behnke, der jetzt wieder behutsam zu den schrecklichen Geschehnissen des Tages überleiten möchte.

«Kult? So würde ich es nicht nennen. Aber er hat mit einigen Freunden drüber geredet. Die haben sich immer wieder getroffen und die neuesten wissenschaftlichen Arbeiten diskutiert. Max, der Philosoph, Olga, die Mathematikerin, Swantje, auch eine theoretische Physikerin. Und Gero, der Experimentalphysiker, der im Labor für die Versuchsaufbauten zuständig ist. Und Gero ist dann auf die Idee gekommen, die QS-Maschine tatsächlich zu bauen.»

«Und Sie haben davon gewusst?», fragt Behnke, jetzt ein bisschen schärfer.

Marina schaut ihm in die Augen und sieht, was der Kommissar denkt. «Sie meinen, ich hätte zur Polizei gehen sollen? Aber ich wusste doch nicht, dass die das tatsächlich ernst meinten», schluchzt sie. «Und in den letzten drei Wochen hat sich Christian auch gar nicht mehr gemeldet. Wenn, dann habe ich ihn nur noch mit den anderen vier zusammen gesehen, auch in der Mensa haben sie immer nur zusammengesessen und getuschelt. Aber dass sie es wirklich tun würden …»

In diesem Moment kommt Hufnagel in die Küche. «Chef! Wir haben neben dem Computer einen Brief gefunden. Ich glaube, das ist so eine Art Bekennerschreiben.»

Behnke schaut sich das Papier an. Ein weißes, computer-gedrucktes DIN-A4-Blatt mit einem kurzen Text. Handschriftlich unterzeichnet mit den Namen der fünf Opfer – sicherlich wird sich bald ein Graphologe daranmachen, die Unterschriften auf ihre Authentizität zu überprüfen. Behnke beginnt zu lesen.

Wir möchten uns ausdrücklich entschuldigen für die Umstände, die wir Ihnen machen, und für das Leid, das wir unseren Freunden und Verwandten zufügen. Wenn Sie diesen Brief finden, dann ist das einge-treten, was mit 99,9-prozentiger Wahrscheinlichkeit zu erwarten war: Wir sind alle tot. Jeder von uns hat die QS-Maschine maximal zehn Mal auf sich schießen lassen, mit einer Trefferwahrscheinlichkeit von jeweils 50 Prozent.

Aber wir sind überzeugte Anhänger der Viele-Welten-Theorie, und deshalb gibt es jetzt eine Unzahl von Universen – einige, in denen nur vier von uns gestorben sind und einer übrig geblieben ist, und andere, in denen einer, zwei oder drei tot sind. Jeder von uns lebt irgendwo weiter, sogar mehrfach. Und es gibt ein Universum, in dem wir alle am Leben geblieben sind. In dieser Welt werden wir unsere Geschichte erzählen, die wir auch per Video dokumentiert haben. Und zumindest dort wird das der Todesstoß für die Kopenhagener Deutung und der endgültige Beweis für die Viele-Welten-Theorie sein – abgesehen von ein paar Unbe-lehrbaren, die eher an den ungeheurer unwahrscheinlichen Zufall von 1 zu 2^{50} oder 1 zu 1 000 000 000 000 000 000 glauben. Dieser wissen-schaftliche Durchbruch war uns die Sache wert – zusammen mit dem Beweis, dass Menschen tatsächlich unsterblich sein können. Wir grüßen die Zurückgebliebenen – aus einer anderen Welt, in der wir weiterhin mit ihnen vereint sind.

Behnke legt den Zettel zur Seite. Marina Fischer schüttelt nur anhaltend den Kopf. Ihre Trauer wird nun von einem Gefühl der Wut abgelöst. Sie schlägt energisch mit der Faust auf den Tisch.

«Was für ein grenzenloser Egoismus!», ruft sie. «Selbst wenn die Theorie stimmt – haben die fünf jemals daran gedacht, dass sie selbst dann zwar subjektiv alle überleben, aber in Milliarden von Welten Milliarden von Menschen unglücklich machen? Wie kann man nur so verblendet sein!»

Auch Behnke schüttelt nun den Kopf. Er hat die Physik bisher für eine sehr rationale Wissenschaft gehalten, die sich sehr präzise und überprüfbar mit den Dingen der Welt beschäftigt – *dieser* Welt. Und in dieser Welt gibt es nun fünf sehr reale Tote.

«Hufnagel!», ruft er. «Packen Sie Ihre Sachen. Ich glaube, das ist kein Fall für die Mordkommission.»

Was ist ein Beobachter?

Willkommen in einer seltsamen Welt, der Welt der Quantentheorie. Wie schon in der Geschichte erwähnt, gehört sie zu den am besten überprüften Theorien der Physik, und sie ist gleichzeitig die am wenigsten verstandene. «Mund halten und rechnen», ist die Antwort vieler Professoren, wenn ein Student fragt, was diese Gesetze denn nun wirklich *bedeuten*. Aber natürlich haben sich auch die Physiker Gedanken über diese Bedeutung gemacht, und zwei dieser Interpretationen wurden in der Geschichte erwähnt – beide lassen den Laien mit unguten Gefühlen zurück.

Am besten kann man die quantenphysikalischen Gesetze an einem klassischen Experiment verdeutlichen, das 2002 von den Lesern der Zeitschrift *Physics World* zum schönsten Experiment aller Zeiten gewählt wurde: das sogenannte Doppelspaltexperiment. Es geht darin ursprünglich um die Frage, ob man Licht als

Welle verstehen soll oder als Teilchen (und wahrscheinlich kennen Sie die Antwort schon: Es ist beides!).

Eine Lichtquelle (mit einfarbigem Licht, also Licht einer ganz bestimmten Wellenlänge) steht vor einer Maske mit zwei Schlitzen, die den größten Teil des Lichts blockieren. Hinter der Maske ist in einiger Entfernung eine Leinwand aufgestellt. Was für ein Bild wird sich dort zeigen?

Betrachten wir zuerst das Licht als ein Teilchenphänomen – die Lichtquelle ist eine Art Maschinengewehr, das wild in alle Richtungen Photonen, also Lichtteilchen, aussendet. Dann müsste sich auf der Leinwand ein Bild mit zwei hellen Streifen ergeben.

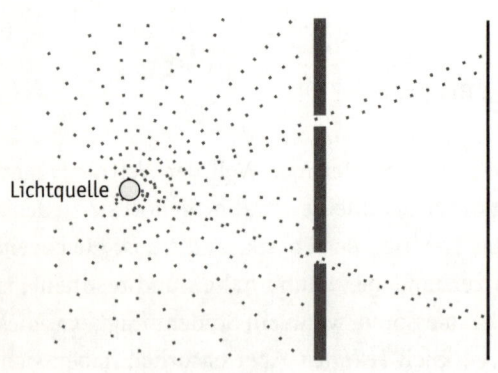

Sieht man dagegen das Licht als eine Welle, dann haben wir es mit Phänomenen zu tun, wie wir sie bereits in Kapitel 7 kennengelernt haben. Die einzelnen Wellenberge und -täler überlagern einander wie zwei Wasserwellen, die auf der Oberfläche eines Teichs aufeinander zulaufen: Trifft ein Berg auf einen Berg, gibt es einen doppelt so hohen Berg. Trifft ein Tal auf ein Tal, dann gibt es ein doppelt so tiefes Tal. Trifft allerdings ein Berg auf ein Tal, dann löschen sich die beiden Wellen gegenseitig aus. Interferenz nennt man das.

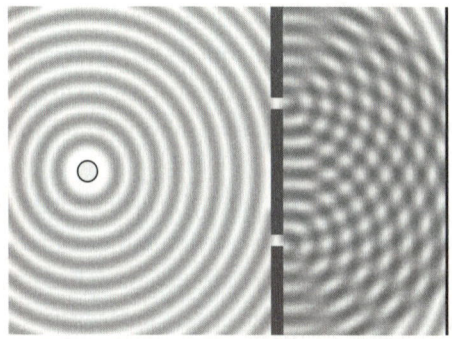

Wie schon bei den Schallwellen sieht man, dass man hinter einem Hindernis, hier dem Spalt, die Welle so betrachten kann, als wäre das Hindernis die neue Quelle!

Das Wellenmodell führt zu einem Streifenmuster auf der Leinwand – mit einem sehr hellen Streifen in der Mitte (wohin ja eigentlich direkt überhaupt kein Licht gelangen kann) und nach rechts und links immer schwächer werdenden Lichtstreifen.

Also ein klarer Sieg für das Wellenmodell. Kann man sich dieses Muster auch mit der Teilchenkanone erklären? Das wird schwierig – man müsste die Lichtteilchen an den Spaltkanten auf komplexe Weise abprallen und dann noch miteinander kollidieren lassen.

Die Teilchen kommen aber wieder ins Spiel, wenn man die Lichtquelle herunterdimmt, also ihren Lichtausstoß immer weiter reduziert. Dann nämlich kann man tatsächlich auf einer entsprechend empfindlichen Leinwand einzelne Lichtpunkte wahrnehmen – die

Einschläge der einzelnen Photonen! Das lässt sich wiederum nicht mit einer Welle erklären – hier greift nur die Teilchentheorie.

Schießt man aber auf diese Weise genügend viele Teilchen auf den Doppelspalt, dann ergibt sich mit der Zeit wieder das bekannte Streifenmuster. Die Lichtteilchen verhalten sich also so, als wären sie Teil einer Welle. Sie interferieren mit anderen Lichtteilchen. Was man sich darunter vorzustellen hat, ist nicht ganz klar, jedenfalls löschen sich ungeladene Teilchen nicht gegenseitig aus, wenn sie aufeinandertreffen.

Aber was heißt «mit anderen Teilchen» interferieren? Man kann das «Maschinengewehr» auch so weit herunterfahren, dass tatsächlich die Photonen nacheinander abgefeuert werden. Zu einem Zeitpunkt ist also nur eine «Gewehrkugel» unterwegs – und trotzdem entsteht das Streifenmuster. Das kann man nur so interpretieren, dass das Teilchen *mit sich selbst* interferiert!

Aber was soll das bedeuten? Ist das Photon nun durch den unteren oder den oberen Spalt geflogen? Wir wissen es nicht. Und man kann mit einer gewissen Berechtigung sagen: Es ist durch beide Spalte geflogen und hat dadurch seine eigene Bahn beeinflusst. Für beide Schlitze bestand eine 50:50-Chance, dass das Photon hindurchfliegt, aber da es von niemandem dabei beobachtet wurde, kann man auch nicht sagen, welchen es nun wirklich passiert hat.

Eine Weile hat man versucht, diesen seltsamen Dualismus so zu erklären, dass das Teilchen sozusagen auf einer Welle «reitet», aber diese Deutung ist verworfen worden. Nein, die Quantentheorie sagt ganz klar: Wir dürfen uns Elementarteilchen nicht wie Gewehrkugeln oder Tischtennisbälle vorstellen. Sie werden definiert durch eine sogenannte Wellenfunktion, und die gibt gewisse Wahrscheinlichkeiten für ihren Aufenthaltsort an – aber das Teilchen *ist* an keinem dieser Orte, solange es dort nicht gemessen wird. Erst wenn man es misst – in diesem Fall: ihm eine Leinwand in den Weg stellt –, bricht die Wahrscheinlichkeit zusammen, und das Teilchen nimmt einen definitiven Ort ein. Ein Lichtpunkt erscheint.

Dass dieser seltsame Welle-Teilchen-Dualismus für Licht gilt, also für die masselosen Photonen, mag man ja noch akzeptieren. Aber tatsächlich haben alle Elementarteilchen diese Eigenschaft, auch diejenigen, aus denen die Materie besteht. 1961 wurde das Doppelspaltexperiment mit Elektronen durchgeführt, auch sie zeigten die typischen Interferenzmuster. Und vor einigen Jahren hat man komplexe Moleküle durch einen Doppelspalt geschossen, sogenannte Buckyballs, die aus 120 Atomen bestehen. Auch hier: Interferenz.

Das heißt aber, dass auch alle Materie Wellencharakter hat. Wie weit kann man die Objekte vergrößern, die man durch den Doppelspalt schießt? Funktioniert das auch mit Viren? Bakterien? Katzen? Menschen?

Eine andere, verwandte Frage ist: Was bringt die Wellenfunktion zum Zusammenbrechen? Was macht eine «Beobachtung» aus? Von einigen Verfechtern der Kopenhagener Deutung wurde das so interpretiert, dass ein bewusstes Wesen eine Messung durchführen muss. Gegen diese Vorstellung richtet sich Erwin Schrödingers Gedankenexperiment mit der Katze, das er im Jahr 1935 vorschlug. Das Pfiffige an dieser Geschichte war, dass er ein Ereignis in der Quantenwelt – das zerfallende Atom – mit einem Ereignis unserer Alltagswelt koppelte: Eine Katze wird mit Blausäure vergiftet. Die Ausrede der Physiker, dass im Mikrokosmos eben andere Gesetze gelten als im Makrokosmos, zog einfach nicht mehr.

Die Frage, die Schrödinger mit seinem Paradox aufwarf, lautet: Woraus besteht die «Beobachtung», die die Wellenfunktion zum Kollabieren bringt? Ist das wie in dem alten Zen-Rätsel: Wenn ein Baum im Wald umfällt, und keiner ist da, um ihn zu hören – macht er dann ein Geräusch? Wie intelligent muss der Beobachter sein? Reicht nicht auch eine Katze?

Die Vorstellung, man bräuchte tatsächlich ein intelligentes Wesen, das eine Messung vornimmt, führt zu recht absurden Konsequenzen. Der Physiker John Stewart Bell schrieb 1990: «Was genau qualifiziert physikalische Systeme, die Rolle des ‹Messers› zu spielen? War die Wellenfunktion der Welt jahrtausendelang auf dem Sprung, bis ein einzelliges Lebewesen auf den Plan trat? Oder musste sie etwas länger warten, auf ein qualifizierteres System ... mit einem Doktorgrad?»

Wenn man am Doppelspalt eine Messapparatur aufstellt, die jedes durchfliegende Teilchen beobachtet, um festzustellen, durch welchen Spalt es denn nun geflogen ist, dann ist das Muster, das auf der Leinwand erscheint, kein Interferenzmuster mehr, sondern besteht nur noch aus den zwei Streifen, die wir aus dem «Maschinengewehr-Modell» erwarten würden. Die Teilchen merken sozusagen, dass sie gemessen werden, und müssen sich für einen Spalt entscheiden, die Überlagerung der beiden Zustände ist nicht mehr möglich. Aber das passiert unabhängig davon, ob ein menschlicher Beobachter anwesend ist oder nicht. Es funktioniert auch, wenn man das Labor verlässt und erst nachher nach dem Ergebnis schaut.

Was die Wellenfunktion zusammenbrechen lässt, so die heute vorherrschende Interpretation, ist nicht die Anwesenheit eines Beobachters, sondern die Interaktion mit anderen physikalischen Systemen – und eine Messung ist ohne eine solche Interaktion nicht möglich. Im Fall von Schrödingers Katze findet eine solche Interaktion schon dann statt, wenn der Geigerzähler den Zerfall des Atoms registriert. Ein Mensch, der den Deckel der Kiste öffnet, ist dann gar nicht mehr nötig, um die Katze umzubringen.

Und je größer ein physikalisches Objekt ist, umso schwieriger ist es, solche Interaktionen mit der Umwelt zu verhindern. Deshalb wird so schnell auch kein Physiker eine ganze Katze gleichzeitig durch zwei Spalte schießen.

Aber Konsens unter Physikern ist das nicht. Es gibt auch die Fraktion, die der Viele-Welten-Theorie anhängt. Ob die Frage, wie man die Quantentheorie interpretiert, überhaupt eine wissenschaftliche ist, ob man die verschiedenen Deutungen überhaupt experimentell voneinander unterscheiden kann, ist heute eine heiß umstrittene Frage unter Physikern. Wenn die parallelen Universen prinzipiell so von uns getrennt sind, dass wir niemals eine Nachricht aus ihnen bekommen können – ist es dann überhaupt wissenschaftlich relevant, ob es sie gibt? Und was heißt das dann noch, «es gibt sie»?

In diesem Zusammenhang muss man das Gedankenexperiment vom Quanten-Suizid sehen, das Max Tegmark 1997 vorgeschlagen hat. Tegmark schrieb in dem entsprechenden Artikel, dass die Entscheidung zwischen der Kopenhagener Deutung und der Viele-Welten-Theorie letztlich eine Geschmacksfrage sei, denn beide Interpretationen führten keineswegs zu unterschiedlichen experimentellen Resultaten – jedenfalls nicht zu objektiven. Subjektiv könnte man tatsächlich in einem Multiversum die paradoxe Erfahrung machen, die sich auch die Selbstmörder in unserer Geschichte erhofften. Sicherlich ging Professor Tegmark nicht davon aus, dass jemand dieses Experiment tatsächlich einmal praktisch durchführen wird.

Jetzt sind Sie dran: Von 1000 heute geborenen Babys lebt statistisch in 80 Jahren noch die Hälfte. Ein hypothetisches radioaktives Element namens Oktogintium habe eine Halbwertszeit von ebenfalls 80 Jahren, das heißt, nach 80 Jahren ist die Hälfte der Atome zerfallen. Was kann man über diese beiden «Zerfallsprozesse» sagen?

a) Die überlebende Prozentzahl von Menschen und Atomen ist zu jedem Zeitpunkt ungefähr gleich.

b) Während der ersten 80 Jahre gibt es mehr überlebende Menschen als Atome, danach ist es umgekehrt.

c) Während der ersten 80 Jahre gibt es mehr überlebende Atome als Menschen, danach ist es umgekehrt.

Die Top Zwölf

oder

Die wichtigsten physikalischen Formeln

Man kann viele Jahre mit dem Studium der Physik zubringen, und ständig tauchen dabei neue Gleichungen auf – wie kann man sagen, welche davon die wichtigsten sind? Es gibt ein paar Formeln, die man immer wieder antrifft, und ich habe Ihnen die meiner Meinung nach wichtigsten davon ausgesucht:

1. Gleichförmige Bewegung

$$v = \frac{s}{t}$$

(v: Geschwindigkeit, s: Weg, t: Zeit)

Die Bewegung mit konstanter Geschwindigkeit ist die «natürliche» Bewegungsform aller Objekte, wenn keine Kraft auf sie wirkt. Wie alle folgenden Gleichungen kann man auch diese Gleichung umformen und dann zum Beispiel den zurückgelegten Weg berechnen, wenn man Geschwindigkeit und Zeit kennt.

2. Beschleunigte Bewegung

$$s = v_0 + \frac{1}{2} a \cdot t^2$$

(s: Weg, v_0: Ausgangsgeschwindigkeit, a: Beschleunigung, t: Zeit)

Eine gleichmäßig beschleunigte Bewegung findet statt, wenn auf eine Masse ständig eine konstante Kraft wirkt, zum Beispiel wenn ein Körper reibungsfrei im Gravitationsfeld der Erde fällt. Mit Hilfe der Gleichung kann man zum Beispiel berechnen, welche Strecke er in drei Sekunden zurücklegt (mit $v_0 = 0$).

3. Newtons 2. Gesetz

$$F = m \cdot a$$

(F: Kraft, m: Masse, a: Beschleunigung)

Wahrscheinlich das wichtigste Gesetz der klassischen Mechanik: Eine Kraft, die auf eine Masse wirkt, führt zu einer beschleunigten Bewegung. Diese Gleichung quantifiziert das. Welche Kraft muss ich aufwenden, um einen Wagen von einer Tonne Masse in zehn Sekunden auf 100 km/h zu beschleunigen?

4. Arbeit

$$W = F \cdot s$$

(W: Arbeit, F: Kraft, s: Weg)

Arbeit ist Kraft mal Weg. Klassisches Beispiel: Man hebt eine Masse auf eine gewisse Höhe und arbeitet dabei ständig gegen die Schwerkraft an. Dann muss man sich natürlich für die doppelte Höhe doppelt so viel anstrengen. Wenn man die Reibungskräfte vernachlässigt, verrichtet man keine Arbeit, wenn man eine Masse nur auf gleicher Höhe von A nach B bewegt!

5. Potenzielle und kinetische Energie

$$E = m \cdot g \cdot h$$

$$E = \frac{1}{2} m \cdot v^2$$

(E: Energie, m: Masse, g: die Erdbeschleunigung, h: Höhe, v: Geschwindigkeit)

Energie ist sozusagen «mögliche Arbeit», die in einer Masse steckt. Ihre Größe ist gleich dieser Arbeit. Wenn man also eine Masse auf eine bestimmte Höhe gehoben hat, dann entspricht ihre potenzielle Energie genau dieser Arbeit (man kann die Kraft, die dazu nötig war, auch nach Gleichung 3 durch $m \cdot a$ ausdrücken). Wenn man die Masse dann die Höhe h herunterfallen lässt, dann steckt die Energie, mit der sie zum Beispiel jemandem auf den Kopf fällt, in der Bewegung.

6. Gravitation

$$F = \frac{G \cdot m_1 \cdot m_2}{r^2}$$

(F: Kraft, m_1 und m_2: zwei Massen, r: der Abstand zwischen ihnen, G: die Gravitationskonstante)

Wir kennen Gravitation hauptsächlich als Erdanziehungskraft, aber Newton erkannte, dass zwei beliebige Massen sich anziehen. Jeder Körper im Universum «spürt» also jeden anderen – allerdings nimmt die Kraft mit der Entfernung sehr schnell ab: Bei doppeltem Abstand beträgt sie nur noch ein Viertel. Man sagt mathematisch: Sie nimmt «mit dem Quadrat der Entfernung» ab.

7. Elektrischer Widerstand

$$R_{Reihe} = R_1 + \ldots + R_n$$

$$R_{parallel} = \frac{R_1 \cdot R_2 \cdot \ldots \cdot R_n}{R_1 + R_2 + \ldots + R_n}$$

R_1, R_2, ... R_n: mehrere elektrische Widerstände. R_{Reihe}: Widerstand einer Reihenschaltung, $R_{parallel}$: Widerstand einer Parallelschaltung

Die grundsätzlichen Formeln, um den Widerstand einer komplexen elektrischen Schaltung zu berechnen.

8. Das Ohm'sche Gesetz

$$U = R \cdot I$$

(U: Spannung, R: Widerstand, I: Stromstärke)

Die grundlegende Formel der Elektrik: Sie berechnet, welche Spannung ich anlegen muss, um bei einem gegebenen Widerstand eine bestimmte Stromstärke zu erzeugen. Oder eine beliebige der drei Größen, wenn die beiden anderen bekannt sind.

9. Elektrische Leistung

$$P = U \cdot I = \frac{U^2}{R} = I^2 \cdot R$$

(P: Leistung, U: Spannung, R: Widerstand, I: Stromstärke)

Diese Gleichung braucht man, wenn Strom Arbeit leisten soll. Leistung ist Arbeit pro Zeiteinheit und wird in Watt gemessen – deshalb misst man die Arbeit in Leistung mal Zeit, die Einheit: Wattsekunde oder Kilowattstunde.

10. Lorentz-Transformation

$$x' = -\gamma \cdot (x - v \cdot t)$$
$$t' = \gamma \cdot (t - \frac{v}{c^2} \cdot x)$$

$$\gamma = \frac{1}{\sqrt{1 - v^2/c^2}}$$

(v: Geschwindigkeit, t, t': Zeit, c: die Lichtgeschwindigkeit, γ: die Lorentz-Zahl)

Diese Gleichungen braucht man, sobald Massen sich mit einer hohen Geschwindigkeit bewegen, die der Lichtgeschwindigkeit nahe kommt. Dann passieren seltsame Dinge, man darf Geschwindigkeiten nicht mehr einfach addieren, die Zeit dehnt sich, Längen verkürzen sich. Die entsprechenden Umrechnungen leistet die Lorentz-Transformation (siehe Kapitel 8).

11. Einsteins Gleichung

$$E = m \cdot c^2$$

(E: Energie, m: Masse, c: die Lichtgeschwindigkeit)

Die berühmteste Formel Einsteins. Sie besagt, dass Masse und Energie im Prinzip dasselbe sind – Masse wird zum Beispiel in der Sonne in Strahlungsenergie verwandelt, und die Gleichung gibt an, wie man Masse und Energie mit dem konstanten Faktor c^2 ineinander umrechnet.

12. Heisenbergs Unschärferelation

$$\Delta x \cdot \Delta p \ge \frac{h}{2\pi}$$

(Δx: Abweichung vom Ort eines Teilchens, Δp: Abweichung vom Impuls eines Teilchens, h: Planck'sche Konstante)

Keine Gleichung, sondern eine Ungleichung. Sie sagt, dass das Produkt auf der linken Seite immer größer als ein wenn auch sehr kleiner konstanter Wert ist. Das bedeutet: Wenn man den Ort eines Teilchens sehr genau messen will, also mit einem kleinen Δx, dann wird die Abweichung bei der Messung seines Impulses, Δp, entsprechend größer. Präzision bei beiden Größen ist prinzipiell unerreichbar.

Lösungen

Detaillierte Rechnungen zu einzelnen Fragen finden Sie unter *www.droesser.net/physikverfuehrer*!

Seite 25:

Nehmen wir der Einfachheit halber an, ein kleiner Eisberg habe eine Masse von 1000 Tonnen. Sein Volumen beträgt dann 1111 Kubikmeter. Er verdrängt eine Meerwassermasse von 1000 Tonnen, die hat ein Volumen von 980 Kubikmetern. Also schauen 131 Kubikmeter aus dem Wasser, das ist zwischen einem Neuntel und einem Achtel! In der Realität kann der Wert schwanken – vor allem die Dichte des Eises kann geringer sein, wenn viel Luft im Eisberg eingeschlossen ist.

Seite 42:

Das Ruckeln auf dem Stuhl verschiebt den Schwerpunkt des Systems Mensch–Stuhl. Da der Schwerpunkt seine Position im Raum beibehalten will, würde sich die Position des Stuhls bei jeder Bewegung geringfügig ändern. Die Haftreibung zwischen Stuhl und Boden verhindert das. Erst bei einem sehr heftigen Impuls wird sie überwunden, und der Stuhl rutscht ein Stück. Heftige Zuckungen in die eine und sanfte Bewegungen in die entgegengesetzte Richtung sorgen für eine Fortbewegung. Oder anders gesagt: Die Haftreibung ist die von außen wirkende Kraft, die zur Bewegung führt!

Seite 52:

Man kann die Sanduhr als «Black Box» betrachten, als geschlossenes System, dessen Masse sich im Verlauf des Experiments nicht ändert. Deshalb wirkt in beiden Fällen dieselbe Kraft, und die Waage bleibt waagerecht. Dabei vernachlässigt man aber die Kräfte, die durch die Bewegung der Sandkörnchen entstehen. Bei gleichmäßig rieselndem Sand heben diese sich auf – der in der Uhr fallende Sand übt genauso viel Kraft auf den Boden aus, wie durch den freien Fall der Körnchen verlorengeht. Zu Beginn des Experiments landen noch keine Körnchen, deshalb gibt es einen kleinen Ausschlag der Waage nach oben, am Ende sorgen die letzten Körnchen für einen kleinen Ausschlag nach unten.

Seite 78:

Auch wenn es leicht aussieht: Selbst der größte Muskelprotz kann das Seil mit dem Telefonbuch nicht in die Waagerechte bringen. Das kann man sich verdeutlichen, wenn man ein Kräfteparallelogramm zeichnet: Solange das Seil einen Winkel kleiner als 90 Grad zur Senkrechten hat, gibt es eine Komponente der ziehenden Kraft, die das Telefonbuch nach oben zieht. Bei gestrecktem Seil aber bildet die Zugkraft einen rechten Winkel mit der Vertikalen – und deshalb wirkt sie dem Gewicht nicht entgegen.

Seite 102:

Es gibt keine «Kälteenergie» – es gibt nur Maschinen, die auf pfiffige Weise Wärmeenergie verlagern. Der Kühlschrank entzieht dem Inneren Wärmeenergie und führt sie – über seine Rückseite – nach außen ab. Dabei «verbraucht» er elektrische Energie, die auch zu Wärme wird. Insgesamt ist nachher also mehr Wärme vorhanden. Lässt man die Kühlschranktür offen, wird dieser Prozess noch verstärkt, weil der Thermostat den Kühlprozess nie abschaltet und der Kühlschrank ständig mit voller Leistung arbeitet. Es wird also wärmer in der Küche!

Seite 116:

Die «Mickymausstimme», die man durch das Einatmen von Helium bekommt, beruht *nicht* darauf, dass sich die Frequenz der Stimme erhöhen würde. Die Stimmbänder schwingen in einer Heliumumgebung nicht schneller oder langsamer als in Luft. Weil sich in Helium aber der Schall schneller bewegt als in Luft (mit 981 statt mit 343 Metern pro Sekunde), verändern sich die Resonanzbedingungen im Mund-Rachen-Raum, es werden andere Oberton-Frequenzen der Stimme verstärkt, und der Klang verändert sich. Dass sich die Tonhöhe nicht ändert, kann man auch feststellen, wenn man singt – man hat überhaupt kein Problem, Lieder in der gewohnten Höhe zu singen.

Seite 135:

Auf Planet A kommen die Signale im Abstand von 12 Minuten an! (Detaillierte Lösung im Internet.)

Seite 149:

Die Sache funktioniert auch, wenn das Glas nur zum Teil gefüllt ist: Von außen drückt der Luftdruck auf den Deckel, von innen der Luftdruck der eingeschlossenen Luft sowie der Druck der relativ kleinen Wassersäule. Das führt zunächst dazu, dass der Deckel nachgibt. Aber sobald das Wasser ein bisschen nach unten gerutscht ist (und seine Oberflächenspannung es noch daran hindert, zwischen Glasrand und Deckel auszutreten), vergrößert sich das Volumen der eingeschlossenen Luft, deren Druck sinkt – und mit etwas Geschick kann man die ganze Sache in der Balance halten, ohne das Wasser zu verschütten.

Seite 163:

Antwort c ist richtig: Die Dämmerung ist am Frühlings- und Herbstanfang am kürzesten. (detaillierte Lösung im Internet)

Seite 172:

Die theoretische Geschwindigkeit, die eine Pistolenkugel haben müsste, um einmal die Erde zu umkreisen, errechnet sich mit derselben Gleichung, mit der wir die Umlaufzeit der ISS berechnet haben. Es ergibt sich ein Wert von 27 360 km/h. Das ist auch die Fluchtgeschwindigkeit, die eine Rakete braucht, um dem Schwerefeld der Erde zu entkommen.

Seite 197:

Die exakte mathematische Lösung für die Stabilität des invertierten Pendels übersteigt den Rahmen dieses Buches. Aber qualitativ kann man sagen: Wenn die Beschleunigung in der senkrechten Richtung, die das Pendel durch die Vibration erfährt, größer ist als die Fallbeschleunigung durch die Erdanziehung, dann wird diese Gravitationswirkung aufgehoben, und das Pendel kippt nicht um.

Seite 205:

Die Frage, warum heißes Wasser unter gewissen Umständen schneller gefriert als kaltes, hat unter Physikern schon zu heftigen Diskussionen geführt. Die einfachste Erklärung für das Phänomen: Solange das Wasser noch flüssig ist, verdunstet stets ein Teil. Und warmes Wasser verdunstet schneller als kaltes. Das führt dazu, dass letztlich weniger von dem ursprünglich heißen Wasser gefrieren muss als von dem kalten – und so ist es möglich, dass der Prozess insgesamt schneller abläuft.

Seite 221:

Der Zerfallsprozess von radioaktiven Teilchen unterscheidet sich stark vom «Aussterben» einer gegebenen Population von Menschen oder Tieren. Für ein Atom besteht jederzeit dieselbe Wahrscheinlichkeit, zu zerfallen – es «weiß» nicht, wie lange es schon darauf gewartet hat. Lebewesen altern, und deshalb steigt ihre Sterbewahrscheinlichkeit (Mortalität) mit dem Alter. Das heißt für die gestellte Aufgabe: Während der ersten 80 Jahre sterben weniger Menschen als Atome zerfallen, danach nimmt die Menschenpopulation schneller ab. Nach 160 Jahren ist noch ein Viertel der Atome vorhanden – aber wohl kaum noch ein Mensch.

Quellen

Für Internetquellen gebe ich an dieser Stelle nicht die Adressen an – die sind sperrig, und man vertippt sich leicht. Ich stelle das Quellenverzeichnis auch unter *www.droesser.net/physikverfuehrer* ins Internet, Sie können dort die Links direkt anklicken!

Zu früh gefreut

Die erste Überlieferung der «Heureka»-Geschichte stammt, wie im Text erwähnt, von Vitruv (1. Jh. v. Chr.). Der Mathematiker Chris Rorres von der New York University hat eine Archimedes-Seite ins Netz gestellt mit vielen biographischen und wissenschaftlichen Informationen, insbesondere zum Problem der goldenen Krone.

Die letzte Abfahrt

Die Physik des Skifahrens wird gut dargestellt in der Arbeit «Biomechanische Aspekte des Skirennsports» auf der Website des Deutschen Skiverbands. Unabhängig von mir hat der Mathematiker Norbert Herrmann in seinem Buch *Mathematik ist wirklich überall* (Oldenbourg Verlag, 2009) das Problem mit etwas anderen Formeln behandelt – wir kommen aber zum selben Ergebnis.

Die Kraft der zwei Pferde

Informationen über die Historie der Firma Levi's aus mehreren Wirtschaftsdatenbanken bietet die Website answers.com.

Die 20-Meter-Frau

Zwei schöne Artikel über falsch skalierte Film-Physik: Michael C. LaBarbera: «The Biology of B-Movie-Monsters», University of Chicago Digital Library; Thomas R. Tretter: «Godzilla Versus Scaling Laws of Physics», *The Physics Teacher* 43, S. 530. Eine Abhandlung über die Skalierungsgesetze von Lebewesen: Geoffrey B. West und James H. Brown: «Life's Universal Scaling Laws», *Physics Today* 57/9, S. 36.

Wurstphysik

Alles über die Wurst erfährt man auf der Website wurstakademie.com!

Auf dem Patentamt

Eine hervorragende private Website mit allem über das Perpetuum mobile, inklusive vieler Quellenangaben und Weblinks ist die Seite von Hans-Peter Gramatke.

Die Mauer

(Fast) alles über die Schallausbreitung erfährt man in der Dissertation von Sebastian Hampel: «Numerische Simulation der Schallausbreitung unter Berücksichtigung meteorologischer Einflüsse» (Technische Universität Braunschweig). Kompakter auf der Website des Deutschen Zentrums für Luft- und Raumfahrt (DLR): «Hängt der Lärm vom Wetter ab?»

Der verjüngte Zwilling

Eine gutverständliche Abhandlung des Zwillingsparadoxes (und sogar eines Drillingsparadoxes findet sich auf der Website relativitaetsprinzip. info

Am Äquator

Die beste Quelle für alle falschen Vorstellungen von der Coriolis-Kraft ist die Website «Bad Coriolis» von Alistair B. Fraser. Eine umfassende Darstellung des Effekts: Anders Persson: «The Coriolis Effect – a conflict between common sense and mathematics», erhältlich auf der Website des Norwegischen Meteorologischen Instituts.

Im Kinderzimmer

Erklärungen, wieso ein Flugzeug fliegt, findet man haufenweise im Netz – aber Vorsicht, viele sind falsch! Einen exzellenten Überblick über alles, was man über die Aerodynamik des Fliegens wissen will (und noch mehr), liefert das Web-Dokument «See How It Flies» von John S. Denker.

Alles Zufall?

Zur Physik des Roulettes gibt es eine Reihe von Büchern von Pierre Basieux, etwa *Die Zähmung der Schwankungen* (Printul-Verlag, 2003).

Der betrunkene Weinbauer

Die Anekdote mit dem toskanischen Weinbauern steht auf der physikdidaktischen Website leifiphysik.de

Der Quanten-Kult

Das seltsame Konzept des Quanten-Suizids entwickelte Max Tegmark in dem Artikel «The Interpretation of Quantum Mechanics: Many Worlds or Many Words?», erschienen in «Fortschritte der Physik 46», S. 855–862.

Aufgaben

Physikaufgaben findet man natürlich zuhauf im Internet, ich möchte aber insbesondere ein Buch empfehlen, das nicht nur schöne Aufgaben stellt, sondern auch die Antworten hervorragend erklärt: Lewis C. Epstein: *Denksport Physik* (dtv, 2006).

Index